Olfa Hajji

Curso de drenagem e saneamento agrícola

Olfa Hajji

Curso de drenagem e saneamento agrícola

ScienciaScripts

Imprint
Any brand names and product names mentioned in this book are subject to trademark, brand or patent protection and are trademarks or registered trademarks of their respective holders. The use of brand names, product names, common names, trade names, product descriptions etc. even without a particular marking in this work is in no way to be construed to mean that such names may be regarded as unrestricted in respect of trademark and brand protection legislation and could thus be used by anyone.

Cover image: www.ingimage.com

This book is a translation from the original published under ISBN 978-620-6-72904-4.

Publisher:
Sciencia Scripts
is a trademark of
Dodo Books Indian Ocean Ltd. and OmniScriptum S.R.L publishing group

120 High Road, East Finchley, London, N2 9ED, United Kingdom
Str. Armeneasca 28/1, office 1, Chisinau MD-2012, Republic of Moldova, Europe
Managing Directors: Ieva Konstantinova, Victoria Ursu
info@omniscriptum.com

Printed at: see last page
ISBN: 978-620-8-50673-5

Índice

Prefácio

Na agricultura, na silvicultura e, por vezes, no urbanismo, a drenagem é a operação que consiste em favorecer artificialmente a evacuação do excesso de água.

A drenagem existe desde os tempos pré-históricos, com vestígios antigos encontrados em todos os continentes. Em geral, tem contribuído para melhorias significativas na produtividade.

Desde a sua invenção pelos romanos, a arte da drenagem não parou de ser aperfeiçoada e tornou-se essencial para o desenvolvimento da agricultura. A Tunísia, onde muitas terras aráveis estão sujeitas a problemas intensos, como a subida do nível do lençol freático e a estagnação permanente da água, está a tentar remediar estes problemas recorrendo a técnicas de drenagem (superficiais ou subterrâneas) para criar um ambiente favorável ao desenvolvimento das plantas e melhorar a rentabilidade das terras agrícolas.

Este livro cobre tudo o que um estudante de hidráulica precisa de saber (o conceito de drenagem, a drenagem agrícola, a instalação de redes de drenagem, etc.).

Neste livro, tentámos evitar entrar em demasiados pormenores sobre esta disciplina, que toca tanto o sector agrícola como o urbanismo, de modo a permitir que a informação passe facilmente para o estudante.

O livro está estruturado em cinco capítulos, como se segue:

O capítulo I *fornece* ***informações gerais sobre drenagem****, definindo o objetivo da drenagem e os diferentes tipos de drenagem.*

O Capítulo II *é dedicado à* ***descrição geral de um Sistema de Drenagem*** *e apresenta os seus principais componentes.*

O capítulo III *apresenta o* ***princípio e os métodos de correção****.*

O capítulo IV *apresenta os* ***principais métodos de dimensionamento de uma rede de drenagem*** *agrícola.*

O capítulo V *descreve* ***os fenómenos de entupimento dos esgotos e os materiais filtrantes*** *utilizados para controlar o assoreamento dos esgotos.*

O objetivo do ***capítulo VI*** *é apresentar* ***os diferentes problemas associados ao mau funcionamento dos sistemas de drenagem subterrânea.***

O capítulo VII *apresenta as* ***várias máquinas que podem ser utilizadas para instalar tubos de drenagem subterrâneos****.*

O capítulo VIII *tem por objetivo apresentar o* ***princípio do traçado e as abordagens de modelação do sistema de drenagem.***

Capítulo I: Informações de carácter geral

I.1 Introdução

Na Tunísia, muitas zonas estão sujeitas a problemas graves, como a subida dos lençóis freáticos e *as inundações*, que degradam o solo e reduzem a produtividade.
Na Tunísia, como noutros países, existem dois problemas de utilização das terras ligados a condições naturais ou artificiais. Estas condições colocam entraves ao desenvolvimento das culturas e reduzem os rendimentos. Estão particularmente ligados à água e ao solo.
Para a drenagem, estas condições são principalmente :

- *A estagnação da água e a saturação do solo*, por um lado, e *a salinidade da água, por* outro.

Estes dois parâmetros provocam a asfixia e a toxicidade das plantas, sobretudo quando estão presentes durante muito tempo, o que ultrapassa a tolerância da cultura.

- Asfixia: Uma planta asfixiada é aquela que já não recebe oxigénio suficiente, seja porque o solo é demasiado compacto ou demasiado húmido
- Toxicidade: excesso de sal

Por conseguinte, centraremos o nosso curso no impacto dos sistemas de drenagem de terras agrícolas no desenvolvimento agrícola, bem como nas bases de cálculo.

I.2 Informações gerais sobre a drenagem

A drenagem é uma técnica de gestão hidro-agrícola destinada a reduzir ou eliminar o excesso de água parcelas afectadas.

- ***A drenagem agrícola*** refere-se a todas as operações destinadas a *remover o excesso de água* de terrenos excessivamente húmidos, a fim de melhorar a lavoura, o acesso às parcelas e o crescimento das culturas (Figura 1).
- A drenagem é, portanto, utilizada para evacuar o excesso de água no solo que é prejudicial e/ou água carregada de sais e tóxica para as plantas.
- A drenagem agrícola é uma operação importante de ordenamento do território que tem por objetivo retirar o excesso de água do solo através da colocação de tubos subterrâneos. A drenagem em solos hidromórficos assegura uma melhor utilização das terras agrícolas, regulando e assegurando a produção e melhorando as condições de trabalho e de acesso ao campo.
- O termo "drenagem" refere-se a qualquer operação natural ou artificial que recolhe água de qualquer tipo e de qualquer origem e a envia para fora de uma determinada área. A drenagem pode assumir a forma *de valas* ou *drenos*.

Nos solos hidromórficos, a drenagem ajuda geralmente a evitar o encharcamento dos horizontes superficiais durante a estação húmida (inverno e primavera, em particular), assegurando uma drenagem mais rápida dos horizontes superficiais e um abaixamento temporário ou permanente do lençol freático no solo

O objetivo essencial da drenagem é combater as causas da humidade e transformar o solo num ambiente de vida ativo para as raízes das plantas.

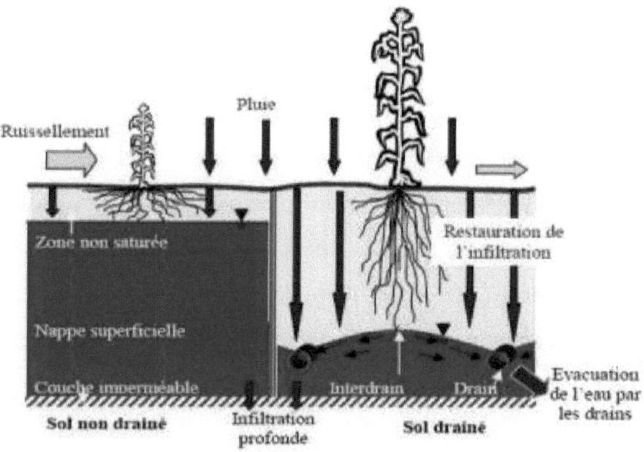

Figura 1: Conceito de lençol freático com ou sem drenagem (Guyomard, 2009).

A hidromorfia é uma qualidade do solo. Diz-se que um solo é hidromórfico quando apresenta sinais físicos de saturação regular de água.

A vida microbiana é então "afogada" e a presença de água tem também consequências físico-químicas. Num solo argiloso, a hidromorfia é bastante fácil de detetar.

A drenagem agrícola parece também ser uma causa de poluição do meio natural, através da descarga de águas carregadas de nitratos ou de produtos de tratamento fitossanitário.

Por outro lado, a drenagem das parcelas, que tem como objetivo extrair o excesso de água do solo, é geralmente acompanhada por uma rede de drenagem agrícola, constituída por um ou mais emissários, cuja função é facilitar a transferência das águas de drenagem para jusante. O papel desta rede de emissários pode ser melhor avaliado e controlado, uma vez que os caudais seguem trajectórias conhecidas, muitas vezes construídas com o único objetivo de canalizar esses caudais.

Entre as condicionantes a ter em conta na elaboração de uma rede de emissários (valas, ribeiras), a profundidade a que emergem os colectores enterrados é um fator agravante na formação de certas cheias. De facto, quando a água sobe mais, a capacidade de transferência das valas é aumentada pelo seu aprofundamento, e a zona a jusante pode estar sujeita a maiores afluências.

A drenagem e o saneamento rural envolvem 3 fases:

- Captação ou recolha do excesso de água (drenagem de parcelas).
- Passagem por uma rede de colectores ou valas.
- Regresso ao sistema fluvial natural (escoamento).

O objetivo da drenagem agrícola é evitar a estagnação da água durante a estação das chuvas e baixar os níveis piezométricos dos lençóis freáticos superficiais (rebaixamento do nível freático). A drenagem agrícola permite o escoamento das águas quer à superfície, através da instalação de estruturas ou da adaptação da topografia do terreno, quer no subsolo, através da construção de redes enterradas que se juntam a valas abertas. A rede é construída à escala da parcela ou grupo de parcelas: a água é recolhida em drenos (tubos perfurados) e colectores (tubos perfurados ou não perfurados) antes de ser evacuada para o escoamento natural (rio) ou em valas.

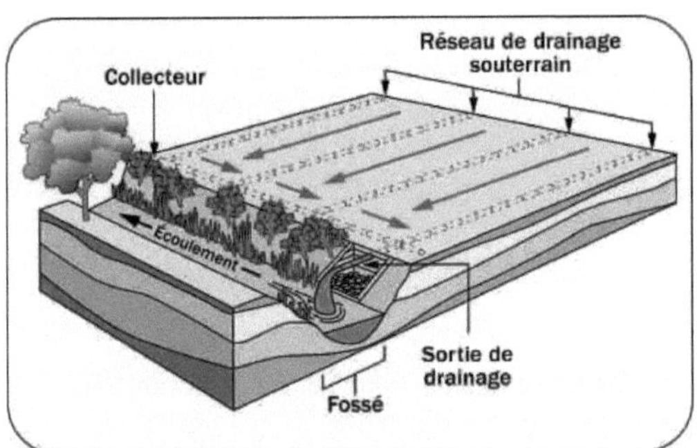

Figura 2: Diagrama simplificado de uma rede de drenagem

Uma "estação de drenagem intensa", de meados de dezembro a finais de fevereiro, com uma resposta rápida a cada episódio de chuva.

Sem dúvida, os impactos positivos da drenagem nos solos podem resumir-se a uma melhoria importante do potencial agrícola: alterações das caraterísticas funcionais do solo (arejamento, regime térmico, atividade biológica); melhoria da estrutura do solo, da capacidade de infiltração e da circulação da água; redução dos constrangimentos operacionais (acesso aos campos, diversificação das culturas) e redução do risco de salinização, a fim de aumentar o rendimento das culturas (quadro 1).

Quadro 1: Efeito da drenagem agrícola subsuperficial no rendimento de cinco culturas (Colwell, 1978)

Culture		Maïs-grain	Soja	Blé	Avoine	Foin
Rendement moyen avant drainage	tonne/ha	4.14	1.96	1.77	1.60	4.10
Rendement moyen après drainage	tonne/ha	5.58	2.59	2.61	2.35	5.20
Augmentation de rendement	tonne/ha	1.44	0.63	0.84	0.75	1.10
	%	34.8	32.1	47.5	46.9	26.8

Para atingir estes objectivos, é necessário conhecer os dados relativos à planta, ao solo e à água. Estes dados podem ser fornecidos sob a forma de estudos preliminares:

- Estudo do solo
- Estudo hidrológico
- Estudo agronómico
- Levantamento topográfico
- Estudo económico

I.3 Estudos preliminares

I.3.1. Estudos do solo

Os levantamentos de solos podem ser utilizados por um projetista de sistemas de drenagem para determinar as caraterísticas físicas do solo (estrutura, textura, profundidade, permeabilidade, porosidade, etc.). Todas estas caraterísticas podem ser apresentadas sob a forma de um mapa pedológico numa escala legível (1/5000 para solos heterogéneos, 1/50000 para solos homogéneos)

Estes mapas de solos podem ser utilizados para delimitar zonas com caraterísticas semelhantes, o que se designa por zonagem dos solos. Este mapa facilita a escolha do sistema de drenagem.

I.3.2. Estudo hidrológico

O estudo hidrológico será utilizado por um projetista de sistemas de drenagem para determinar :

- A intensidade crítica da chuva que provoca a estagnação da água ou a saturação do solo.
- Escoamento ou fluxo de inundação em cursos de água que atravessam áreas expostas à saturação (por exemplo, planícies).

Chuva de baixa intensidade e de longa duração que provoca a saturação do solo (intensidade crítica).

NB: para a drenagem, toma-se geralmente uma precipitação crítica (por exemplo, 10 a 15 mm/d) com uma duração de 3 dias sucessivos (período de retorno: 1 a 2 anos) determinada a partir da curva IDF ou da fórmula MONTANA:

Courbes IDF

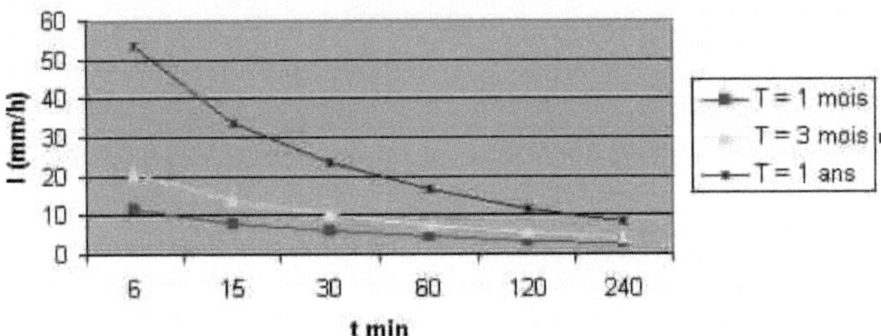

* ***Formule de Montana***:

$$i_{(T)} = a_{(T)} \times t^{-b_{(T)}}$$

$i_{(T)}$: intensité en mm/h

T : temps en heures et pris égal au temps de concentration

a et b : coefficients dépendant de la fréquence de la pluie.

Généralement, **a = 7.446** et **b = 0.493**

I.3.3. Estudo agronómico

O estudo agronómico será utilizado por um projetista de sistemas de drenagem para determinar :

- Caraterísticas fisiológicas ;
- Profundidade de enraizamento das plantas ;
- Tolerância da planta à asfixia ;
- A tolerância da planta à toxicidade.

NB *A profundidade de enraizamento das culturas anuais (trigo, cevada, aveia, sorgo, cereais) P= 70 cm a 1m.*

A profundidade de enraizamento das culturas arbóreas P = 1,5 m.

* Tolerância das culturas à asfixia (para evitar perdas de rendimento):

* *culturas anuais: 3 dias e 14 dias no máximo*

** arboricultura: 7 dias no máximo 21 dias a 1 mês*

Normas de salinidade para a água potável na Tunísia (1g/l no norte e 2g/l no sul), água de irrigação (1 a 4g/l).

Condutividade eléctrica do solo Ece = salinidade e Ecw: Condutividade eléctrica da água de irrigação

Condutividade hidráulica = permeabilidade

1mm = 1l/m² = 10 m³/ha

I.3.4. Estudo topográfico

Um levantamento topográfico é utilizado por um projetista de sistemas de drenagem para :

- Localizar o ponto de saída da rede de drenagem.
- Traçado da rede de drenagem.

Este estudo topográfico deve ser efectuado sobre *um plano do lado da parcela* em que se encontra a NC, as costas, as unidades de parcela.

Este plano lateral deve ser desenhado a uma escala legível, indicando todas as particularidades (saliências e depressões).

Este plano lateral deve ser elaborado por um topógrafo com experiência em drenagem.

A escala requerida para este plano é geralmente 1/10000 para áreas que não são invulgares (dique, wadi que atravessa a planície); e 1/5000 ou 1/2000 para áreas que são invulgares.

São necessários perfis longitudinais e transversais para definir a rede de drenagem.

I.3.5. Estudo

O estudo económico é utilizado por um projetista de sistemas de drenagem para escolher o sistema de drenagem que se adapta ao dinheiro disponível (a variante mais económica).

I.4. Determinação experimental dos parâmetros hidrodinâmicos

Os dois parâmetros hidrodinâmicos do solo necessários para a drenagem são :

- Permeabilidade (**k**): condutividade hidráulica (velocidade de escoamento)

- Porosidade de drenagem **(μ)**: volume de poros

Quadro 2: Alguns resultados relativos à porosidade total e à permeabilidade

Rochas porosas	Porosidade total (%)	Permeabilidade (m/Dia)
Areia e cascalho	25 à 40	10 à1000
Areia fina	30 à 35	0,1 à 100
Argila	40 à 50	< 0,1
Giz	10 à 40	1 à 100
Calcário (fissurado)	1 à 10	< 1

I.4.1. Determinação experimental da permeabilidade

A determinação experimental pode ser efectuada em laboratório ou in situ:

- **No laboratório:** a determinação pode ser efectuada utilizando uma amostra de solo não perturbada (não modificada) e aplicando uma carga constante. A permiabilidade será, portanto, dada pela fórmula de Darcy (1856):

$$\frac{Q}{A} = -K\frac{\Delta h}{L}$$

Com :

- Q: caudal volúmico do filtro (m^3/s).
- K: condutividade hidráulica ou "coeficiente de permeabilidade" do meio poroso (m/s), que depende tanto das propriedades do meio poroso como da viscosidade do fluido.
- A: a superfície da secção estudada (m^2)
- $\Delta H/L$: O gradiente hidráulico ($i = \Delta H/L$), em que ΔH é a diferença entre as alturas piezométricas a montante e a jusante da amostra, L é o comprimento da amostra.

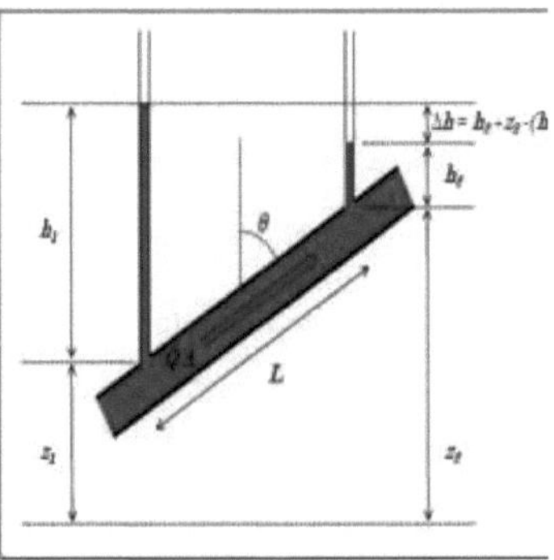

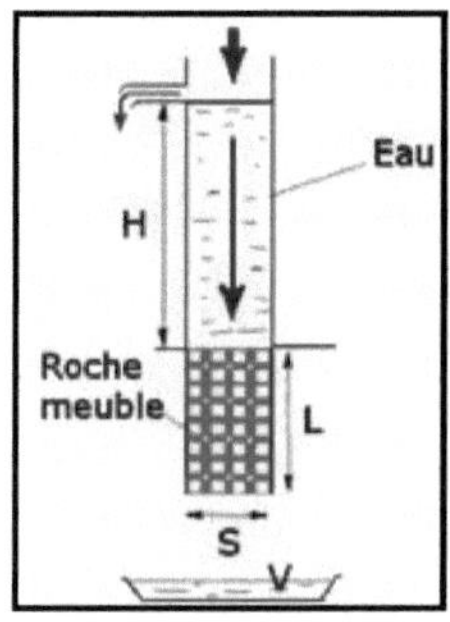

- **Insitu:** a permeabilidade pode ser determinada por vários métodos:

  a. ***ϕMétodo do poço e do piezómetro (solo saturado)*:** consiste em escavar um poço no lençol freático a = 20 cm e a uma profundidade P = 2 m. É aplicada uma bombagem contínua e a flutuação do nível do lençol freático é medida através de um ou mais piezómetros.

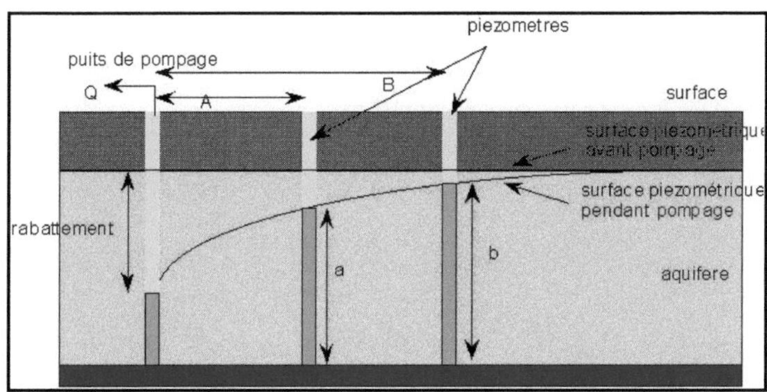

Diagrama 3: localização de um piezómetro num aquífero de superfície livre

Base = rocha

- *Se P(Assise Imper) ≤ 2m → é utilizado um único trazómetro*
- *Se P (A.I) > 2m, são utilizados dois ou mais piezómetros.*
- Sempre a profundidade do poço = profundidade da armadilha = 2m

b. Método PORCHER

O ensaio de infiltração de água no solo de Porchet consiste em :

- Cavar um buraco com o diâmetro especificado, quer com um trado manual (de preferência com 150 mm de diâmetro) quer com uma pá (buraco quadrado de 30 cm por 30 cm; largura l) até uma profundidade de 70 cm. Esta profundidade de 70 cm é considerada como a profundidade de infiltração no caso de infiltração de águas residuais através do solo (trincheiras filtrantes ou leitos de espalhamento).

- Durante 4 horas, com uma mangueira ou garrafas de água, manter um nível de água 25 cm acima do fundo do buraco, ou seja, a 45 cm da superfície (altura h abaixo). O objetivo desta operação é repor o solo nas condições de saturação de água que seriam observadas quando uma estação de tratamento de águas residuais está a funcionar.

No final dessas 4 horas, medir (com uma garrafa graduada, por exemplo) a quantidade de água a adicionar para manter o nível da água constante (h = 25 cm do fundo do buraco ou 45 cm da superfície) durante um período de 10 minutos.

c. *Método de Müntz*

O método do infiltrómetro de Müntz baseia-se no princípio da infiltração de carga constante. Um reservatório graduado mantém um nível de água constante de 30 mm num cilindro implantado no solo. As variações do nível de água no reservatório graduado ao longo do tempo determinam a taxa de infiltração.

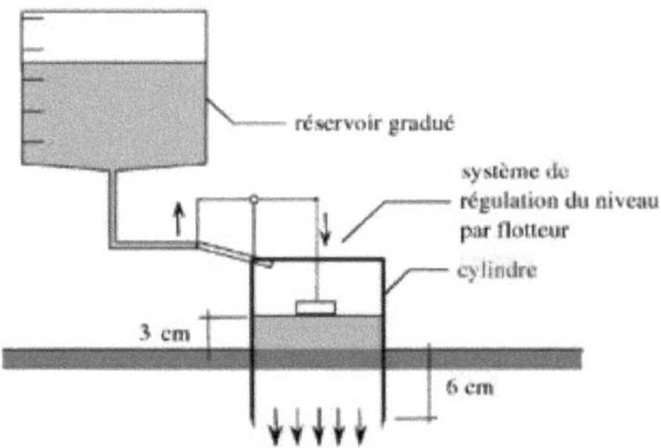

Figura 4: Infitrómetro de Müntz

d. *O ensaio DOUBLE RING*

Este ensaio simples é particularmente adequado para avaliar a permeabilidade superficial e a permeabilidade em profundidade (para pavimentos com estrutura de reservatório), dado o seu princípio e gama de medição. Consiste em colocar 2 anéis cilíndricos concêntricos (Ø 20 a 80 cm) no solo e assegurar a sua estanquidade pressionando-os no solo a uma distância de 5 a 10 cm.

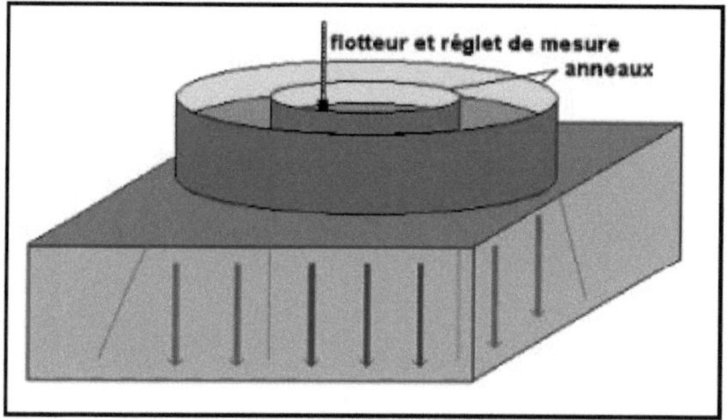

Figura 5: Diagrama do ensaio do duplo

(Fonte: CETE Nord - Picardie, guide chaussée réservoir 2002)

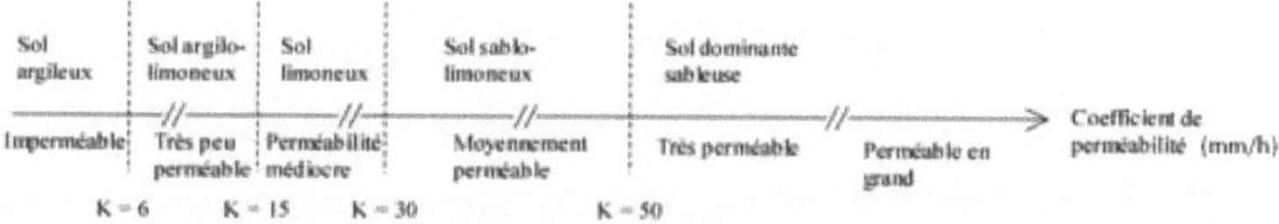

Figura 6: variação do coeficiente de permeabilidade

I.4.2. Determinação da porosidade de drenagem

A porosidade de drenagem (μ) é a relação entre o volume total das partículas de água que fluem por gravidade através da amostra de solo em questão e o volume total da própria amostra.

A quantidade de água que permanece na amostra também pode ser utilizada para estimar a **capacidade de retenção** de um solo.

A **porosidade cinemática** de um meio poroso é a relação entre o volume de água que flui livremente através dos poros da amostra em questão e o volume total da amostra.

Na prática, assume-se que **a porosidade cinemática** e **a porosidade de drenagem são semelhantes**.

Por conseguinte, são agrupados sob o termo **"porosidade efectiva".**

A porosidade de drenagem é, portanto, a relação entre o volume de água extraído da amostra por gravidade (Ve) e o volume total da amostra (Vt).

$$\mu = \frac{Ve}{Vt}$$

A permeabilidade do solo e a porosidade de drenagem variam na mesma direção.

Capítulo II: Sistemas e materiais de drenagem agrícola

II.1 Introdução

Para remediar o fenómeno que provoca perdas de solo devido a uma saturação prolongada ou a uma salinidade excessiva, é necessário **prever sistemas de drenagem das águas nocivas** antes mesmo de estas se infiltrarem no solo, no caso das águas de escoamento, ou após a infiltração ou a subida de um lençol freático existente, no caso das águas subterrâneas.

Existem vários sistemas de drenagem que evoluíram ao longo do tempo. Os sistemas de drenagem mais utilizados na Tunísia são :

- **Drenagem superficial** destinada a conduzir as escorrências (águas superficiais) para montante e para a direita das zonas a tratar. Tem igualmente por objetivo eliminar qualquer acumulação de água à superfície, bem como as escorrências hipodérmicas, num prazo razoável para as plantas (menos de 24 horas):
  - ***Criação de valas de colarinho***
  - **Recalibração dos fluxos**
  - **Sistema de irrigação**
- **Drenagem** subterrânea**:** a drenagem subterrânea é uma técnica de drenagem destinada a evacuar a água alimentada por gravidade e a baixar o nível do lençol freático para um nível ótimo para o crescimento das plantas, em direção a um escoadouro natural (mar, wadi, sebkhat, etc.). Na prática, a drenagem subterrânea deve ser efectuada quando o nível do lençol freático é inferior a 0,7 metros acima da superfície do solo durante o ano
  - ***Drenagem de valas abertas***
  - ***Drenagem de tubos subterrâneos***
  - ***Drenagem do pavimento***
  - ***Sistemas associados*** *Tubo + vala*
Gestão + lavoura
Condução + subsolagem
  - ***Drenagem de poços***

Em muitos casos, é desejável envolver os tubos de drenagem num material filtrante (***filtros e envoltórios***). Estes materiais oferecem as seguintes vantagens

- impedem a penetração das partículas do solo (proteção contra o ***entupimento***)
- aumentam a circunferência do tubo

- asseguram uma melhor permeabilidade em todo o tubo

- Protegem o tubo durante o transporte e a colocação.

Os filtros são feitos de cascalho de diferentes tamanhos, de 4 a 40 mm, que podem ser classificados em 3 subclasses: (4/15, 15/25 e 25/40).

A utilização desta classe diferente depende da natureza do solo onde os drenos serão utilizados:

- 4/15 é utilizado para solos pesados (argilosos).
- O 15/25 é utilizado para solos argilosos.
- O 25/40 é utilizado para solos arenosos.

Este filtro de cascalho facilita o fluxo de água à volta do dreno, aumentando a superfície de contacto.

Existem dois tipos de revestimento: revestimento fino e revestimento espesso. O revestimento fino tem menos de 1 cm de espessura. Este revestimento consiste normalmente em envolver o tubo com um material de poliéster na fábrica. Os revestimentos espessos são do mesmo tipo que os revestimentos finos, mas são enrolados à volta do dreno quando este é colocado

II.2 Sistemas de drenagem de águas superficiais

II.2.1. Valas de colmatagem

Serão utilizados sistemas de valas ***evitar que as escorrências das encostas se espalhem para as planícies*** e provoquem saturação ou estagnação.

O objetivo destas valas ***é desviar as águas*** de ***escoamento*** de zonas topograficamente mais elevadas.

Estas valas podem situar-se nos limites exteriores da zona a drenar ou podem atravessar essa zona.

Figura 7: Valas de colmatagem

Estas valas terão uma *secção transversal trapezoidal* (por razões de estabilidade) e a inclinação do aterro dependerá da natureza do solo (solto = areia ou pesado = argila).

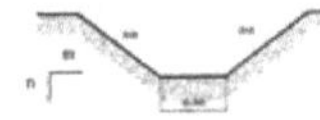

- Solo argiloso: m=2 e n = 3
- Solo franco-argiloso: m= 3 e n= 2
- Solo arenoso: não é aconselhável ter uma vala sem proteção.

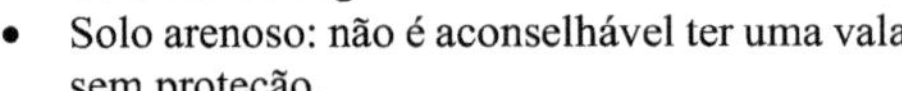

Este tipo de drenagem pode ser encontrado no Kalaat El Andalous, Outik, Sejnene e outras planícies

II.2.2. Recalibração dos fluxos

O princípio da *recalibração consiste em aumentar o caudal no leito menor através do aumento da secção transversal do fluxo, alargando o leito, aprofundando-o ou ambos*

A recalibração dos caudais diz respeito aos caudais que atravessam as planícies e que provocam a sua estagnação e transbordamento.

II.2.3. Sistema de irrigação

O sistema de rega contribui para a drenagem do solo quando evita a saturação da zona radicular, o que pode ser assegurado respeitando o tempo e as doses de rega correspondentes a cada cultura.

II.3. Sistemas de drenagem subterrânea

II.3.1. Drenagem de valas abertas

As valas abertas têm formas variadas, desde triangulares a trapezoidais. Vários factores influenciam o funcionamento hidráulico de uma vala: (a inclinação longitudinal, o raio hidráulico, a permeabilidade do solo em que é escavada, a natureza das paredes, o aterro, etc.).

A função das valas é recolher as águas superficiais e subterrâneas e transportá-las para um ponto de saída, que pode ser uma vala maior ou um emissário.

As valas devem ter uma profundidade mínima de 80 cm e a sua largura deve ser calculada de modo a que, em períodos de chuva intensa, o nível da água se mantenha abaixo de 60 cm do nível de referência. Este método é geralmente utilizado para drenar solos de florestas, bosques e turfeiras.

Figura 8: Vala aberta

As **vantagens** da vala aberta :

- Fácil de manter (porque pode ser visto a olho nu).

As desvantagens deste sistema de drenagem são :

- Perda de solo
- Acesso difícil para trabalhar o solo, especialmente em solos argilosos.
- O aparecimento de plantas halófilas (canas) que abrandam o fluxo.
- Necessita de uma via para manutenção e limpeza.

II.3.2. Drenagem por tubos enterrados

Tal como as valas, os tubos enterrados não têm a capacidade de recolher águas superficiais. O seu principal efeito é sobre as águas subterrâneas.

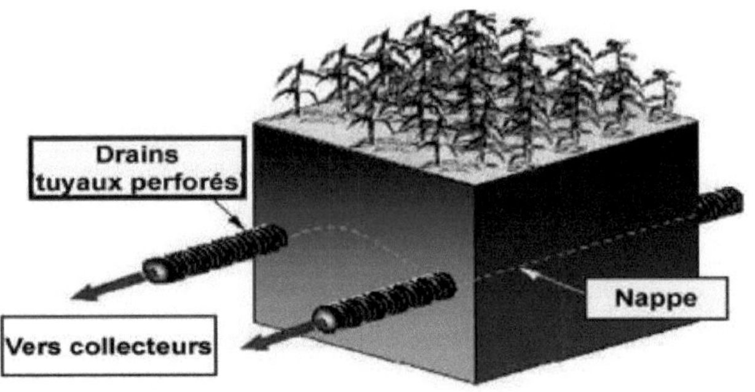

Figura 9: Tubos enterrados

ϕϕϕA drenagem é efectuada através de uma rede primária de drenos enterrados a 1,5 m e espaçados de 5 a 100 m, em função da configuração topográfica e da natureza do terreno, protegidos por uma camada de brita (brita filtrante 4/15, 15/25 e 25/40 misturada com areia para aumentar a permeabilidade) e rodeados por um geotêxtil não tecido para evitar o entupimento e facilitar o escoamento em torno dos drenos no caso de solos argilosos. O fluxo a evacuar é ligado a um coletor principal colocado ao longo do lado mais a jusante da parcela. A espessura da membrana coberta pelo geotêxtil depende da granulometria do solo (PVC).

Figura 10: Sumidouro agrícola revestido

Figura 11: Dreno agrícola perfurado de 200 mm e 45 m de geotêxtil

Este sistema utiliza vários tipos de tubos, começando pela cerâmica, PVC liso e finalmente PVC corrugado, etc...

a. Tubos de cerâmica

Os sumidouros de cerâmica, utilizados de forma quase sistemática antes do aparecimento dos sumidouros de plástico, têm o inconveniente, para além de serem mais difíceis de manusear e de instalar, de oferecerem apenas uma baixa densidade de abertura (a água entra no sumidouro na junção dos elementos). A concentração favorece o aparecimento de gradientes hidráulicos mais elevados, pelo que o risco de arrastamento de partículas de terra e de entupimento do sumidouro pode tornar-se significativo.

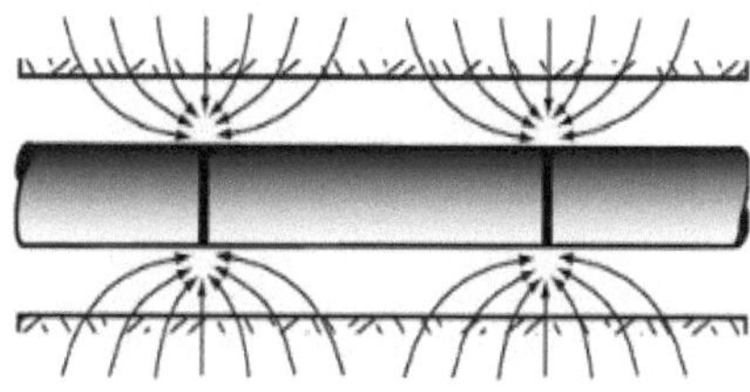

Figura 12: Tubos de vasos e suas junções

Na Tunísia, começámos a utilizar este tipo em 196O. A água penetra em todos os interstícios. ϕO diâmetro mais utilizado é de **50**. Estes tubos são constituídos por secções **de 30 cm** e colocados a uma profundidade de **≤2 m** com uma máquina chamada valetadeira de drenagem, com uma folga de **2** mm

≈Superfície de entrada de água (pote): Se = 3x∏xDxe = 3x∏x50x2 = 942 mm^2/ml **10 cm^2/ml**

As vantagens deste sistema :

- Fácil de fazer.
- Resistência às forças de esmagamento durante a instalação e o funcionamento.
- Mais económicos do que os ralos de PVC.
- >Tempo de vida 50 anos no solo.

As desvantagens deste sistema de drenagem são :

- Pesado para transportar.
- Frágil durante a instalação e o transporte.
- A instalação demora ainda mais tempo.
- Quando o solo é instável, pode haver um deslocamento entre os elementos.

b. Tubos de PVC lisos

A água pode entrar neste tipo de tubo através de dois tipos de ferro fundido: longitudinal (consoante o comprimento) ou transversal (consoante o raio). As dimensões destes moldes são de 3 cm de comprimento, 1 a 2 mm de espessura e espaçados de 3 a 4 cm.

Este tipo de drenagem apresenta vários inconvenientes, entre os quais: deformação das ranhuras sob as forças aplicadas pelo aterro, resultando em deformações das secções transversais e alterações dos caudais que não respeitam o declive estudado. Este tipo não é utilizado na Tunísia.

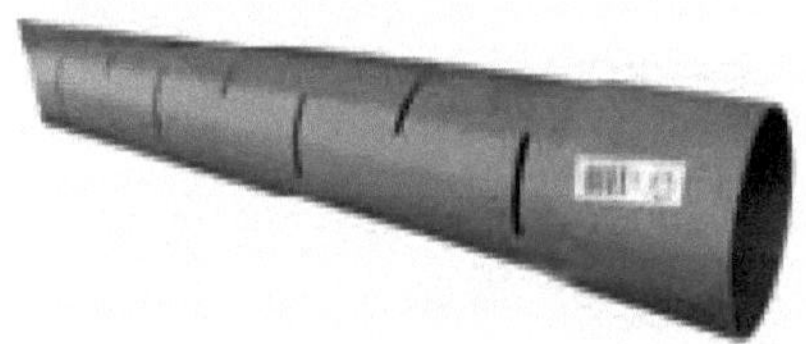

Figura 13: Tubos de PVC lisos

c. Tubos corrugados em PVC

Para ultrapassar as desvantagens do PVC liso, os projectistas de drenagem desenvolveram sumidouros de PVC corrugado com 6 filas de ranhuras. As ranhuras deste tipo de sumidouro têm uma forma elíptica (e=2mm e d=4mm), inseridas nos anéis interiores e espaçadas de 2cm. Estes tubos são revestidos com um filtro geotêxtil para evitar o entupimento. Os tubos são vendidos em rolos de 100m. São fáceis de colocar e de transportar e evitam o problema da compactação do solo durante a colocação ou o transporte.

- ***Superfície de entrada de água (PVC)***: Se = Número de orifícios roídos x Número de fendas x d x e

$\approx$S e = 6x50x4x2 = 2400 mm2 **24 cm²/ml**

Figura 13: tubos de PVC corrugado

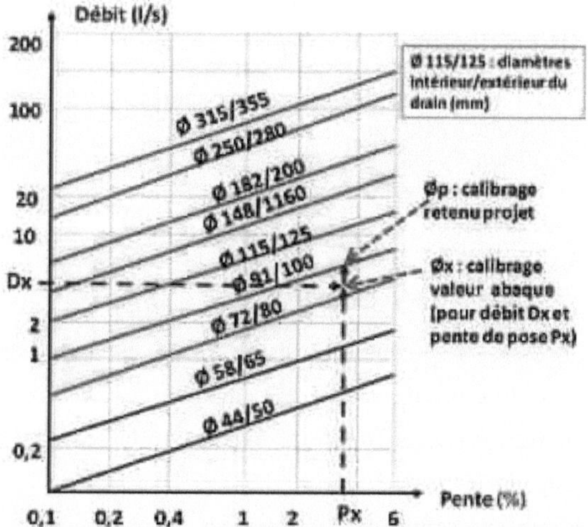

Figura 14: Diagrama de fluxo para sumidouros corrugados em PVC (dos quadros de fluxo dos fabricantes: Oltmanns & Wavin)

II.3.3. Drenagem por subsolagem

A drenagem por subsolagem (sulcagem) consiste em abrir fendas no solo sob a forma de *sulcos espaçados de 1 m, com 0,7 m de profundidade e 5 cm de espessura, utilizando um subsolador rebocado*. Esta rede de sulcos deve ser oblíqua ou perpendicular aos tubos enterrados para facilitar o escoamento para os drenos. Este tipo de drenagem é geralmente utilizado para solos pesados e é combinado com a drenagem por tubos enterrados para facilitar o escoamento das águas superficiais em direção aos tubos. Este tipo de drenagem é adequado para solos argilosos e deve ser refeito de 3 em 3 anos.

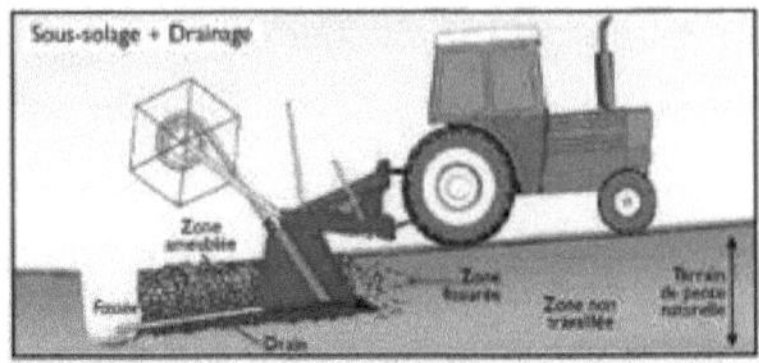

Figura 15: Subsolad(

II.3.4. Drenagem por sistemas associados

Este tipo de drenagem pode ser uma combinação de dois ou mais sistemas, consoante a natureza e a ocupação do solo:

- Tubo + vala
- Colatura + vala
- Lavoura + tubo + vala

II.3.5. Drenagem por poço

A drenagem de poços consiste em cavar uma série de poços para baixar o lençol freático de modo a criar uma zona de raízes fora do lençol freático (1,6 m para as culturas anuais e 2 m para os arbustos). O diâmetro destes poços é superior a 1 m.

II.4. Vantagens e desvantagens da drenagem agrícola

II.4.1. Vantagens da drenagem

Os benefícios da drenagem à escala do terreno podem ser resumidos da seguinte forma

- Promove a atividade benéfica das bactérias do solo e melhora o estado do solo.
- O escoamento superficial e a erosão do solo são menores nos terrenos drenados.
- A melhoria da trafegabilidade reduz os danos estruturais no solo. A compactação do solo é reduzida e é necessária menos energia para as operações no local. A drenagem também permite operações de campo

mais rápidas. Como resultado, o período de crescimento pode ser alargado e as culturas podem atingir a maturidade total.

- Os rendimentos das culturas estão a aumentar devido a uma melhor gestão da água e à absorção de nutrientes pelas plantas.
- Podem ser plantadas culturas de maior valor e podem ser introduzidos sistemas de cultivo novos e melhorados.
- A drenagem mantém ambientes salinos e atmosféricos favoráveis na zona radicular das culturas.

IV.4.2. Desvantagens da drenagem agrícola

- Efeitos hidrológicos: Os únicos efeitos hidrológicos da drenagem, por vezes negativos, são atribuídos por alguns autores ao sobredimensionamento das valas de drenagem e do sistema de esgotos. A drenagem conduz frequentemente ao aprofundamento das valas. A consequência deste facto é permitir que as inundações se escoem mais rapidamente, com efeitos potencialmente negativos a jusante.
- Manutenção: Uma das coisas mais incómodas dos sistemas de drenagem é a manutenção. É uma obrigação, porque se o sistema de drenagem estiver entupido, não funcionará corretamente. É necessário verificar se há bloqueios e detritos que possam impedir o fluxo de água.
- Degradação da qualidade da água: as águas de drenagem contaminadas com sais e oligoelementos são geralmente descarregadas num escoadouro natural sem serem purificadas.

Capítulo III: Princípios e métodos de saneamento agrícola

III.1 Introdução

Se a remediação é a ação de limpar, os agricultores fazem-no para permitir que o solo atinja a sua capacidade máxima de produção. É nesta perspetiva que vamos analisar os princípios e os métodos de saneamento.

III.2 Produção e saneamento

Os agricultores querem utilizar todo o potencial da estação de crescimento em termos de radiação solar e calor para produzir plantas associadas a culturas. Querem maximizar ou otimizar os seus rendimentos, procurando obter rendimentos máximos ou óptimos. Em alguns casos, procuram a estabilidade dos rendimentos ou da produção, porque têm contratos a cumprir ou precisam de produtos vegetais para alimentar os seus animais. Em todos os casos, querem minimizar os imprevistos climáticos devidos a chuvas excessivas, chuvas insuficientes ou chuvas mal distribuídas. Querem também poder efetuar os trabalhos necessários, como as sementeiras e as colheitas. Não vale a pena produzir se não se pode colher. Os agricultores realizam trabalhos de purificação da água ou outros, de acordo com os objectivos descritos.

III.3 Objectivos de saneamento

Do ponto de vista hidráulico, existem três objectivos principais para a reabilitação do solo:

- Remover a água de escoamento para permitir o acesso ao campo e reduzir a inundação das plantas.
- Baixar o nível do lençol freático para permitir o desenvolvimento das raízes das plantas em condições favoráveis e para permitir a circulação das máquinas em operações como a lavoura, a sementeira, a pulverização, a monda, a aplicação de fertilizantes e a colheita. As operações devem ser efectuadas em condições favoráveis e sem danificar as máquinas ou o solo.
- Fornecer água às plantas durante os períodos de défice hídrico para que não sofram de seca.

III .4 Técnicas

Eis as técnicas de saneamento hidráulico classificadas de acordo com os objectivos do saneamento:

1- **Remover a água de escoamento :**

- Valas pouco profundas (30 cm);
- Valas profundas (90+ cm);
- Caleiras
- Tábuas redondas e riscas
- Cursos de água.

2- Baixar a toalha de mesa:

- Drenagem subterrânea ;
- Valas profundas (90+ cm);
- Drenagem de toupeiras.

3- Levar a água às plantas:

- Controlo das águas subterrâneas ;
- Irrigação subterrânea
- Irrigação por aspersão ;
- Irrigação de superfície
- Irrigação por gotejamento.

Os primeiros quatro meios de remoção das águas de escoamento situam-se ao nível do campo e são da responsabilidade do agricultor, enquanto o último se situa ao nível regional ou da bacia hidrográfica e é da responsabilidade das autoridades locais. Algumas técnicas, como as valas profundas, cumprem mais do que um objetivo. A instalação de drenos é utilizada para a drenagem subterrânea, o controlo das águas subterrâneas e a irrigação subterrânea.

III.5 Abordagens

Para analisar e resolver problemas sanitários, é necessário seguir um procedimento. Este procedimento envolve os seguintes passos:

1. Identificar o problema de humidade observando os seguintes sintomas:
    - Presença de um lençol freático ;
    - Estado das plantas que apresentam problemas de stress hídrico ;
    - Tipos de plantas caraterísticas das zonas húmidas (taboa, etc.);
    - Presença de uma mancha, quando está presente e durante quanto tempo;
    - As circunstâncias que rodearam a ocorrência do problema.
2. As fontes do problema :
    - A natureza do solo (compacto, mal estruturado)

- Solo e geologia (profundidade do solo, tipo de formações) ;
- Presença de uma camada endurecida
- Baixa condutividade hidráulica
- A geomorfologia do terreno (bacia, depressão)
- Terreno plano sem saída natural.

3. Identificação das soluções. As soluções devem ser identificadas com base no problema e nas fontes do problema, tendo em conta as condições económicas.

Nunca é boa ideia antecipar a solução antes de estudar o problema.

Capítulo IV: Dimensionamento de uma rede de drenagem agrícola

IV.1 Introdução

O dimensionamento de uma rede de drenagem consiste em determinar, tendo em conta vários parâmetros: o espaçamento dos sumidouros, os seus caudais unitários, os caudais caraterísticos, os caudais máximos e os comprimentos máximos. É de notar que as fórmulas utilizadas para o dimensionamento de uma rede de drenagem são em grande parte empíricas, baseadas na observação, na experiência e na estatística. Por este motivo, ao efetuar os cálculos, o operador deve homogeneizar as unidades com que trabalha para evitar resultados aberrantes.

VI.2 Determinar o espaçamento dos drenos

A distância que separa os dois eixos do sumidouro é denominada espaçamento do sumidouro (E). A determinação desta distância é baseada na experiência ajustada pela teoria. Existem 2 métodos para o efeito, o método do estado estacionário e o método do estado variável ou transiente.

A. Método do estado estacionário

Este sistema consiste em **manter** constante o nível de um lençol freático logo abaixo da zona radicular.

Este método baseia-se no pressuposto de que *o caudal que entra na zona radicular é igual ao caudal que sai dos drenos*, a fim de garantir um nível constante de água subterrânea abaixo da zona radicular.

O espaçamento dos drenos depende da permeabilidade do solo (K), da profundidade da rocha impermeável, da intensidade da precipitação I_0 e da profundidade de enraizamento da cultura.

O espaçamento será calculado para os dois sistemas de drenagem, quer se trate de *tubos enterrados* ou de *valas abertas*.

a. Sumidouros assentes na base impermeável P < 2m ($P=P_d$) :

i. Aterro da vala mais permeável do que o solo no local ($K<10^{(-6)}$) m/s: solo argiloso) :

Diz-se que o aterro da vala é mais permeável do que o solo no local se for utilizado outro solo que não o existente como aterro ou se os drenos estiverem numa vala.

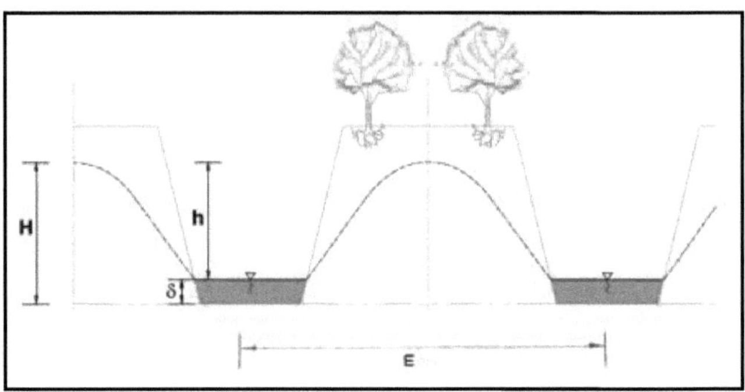

Figura 16: Sumidouros assentes em rocha impermeável

A fórmula de base do regime permanente é a fórmula de GUYON.

- **Solo homogéneo e isotrópico:** tem as mesmas caraterísticas físicas em todas as direcções.

$$\frac{IE^2}{4} = K.H^2.\left(1 - 2R\frac{I}{K}\right) - \delta^2 K \qquad \textbf{(1)}$$

I: Taxa de filtração em (mm) ou (m^3/ha).

K: permeabilidade do solo drenado em (m/s)

E: Distância entre sumidouros (m)

H: A diferença de profundidade entre a superfície do lençol freático rebaixado e o leito rochoso impermeável (no nosso caso, a profundidade a que os drenos foram colocados, uma vez que P < 2m).

R: Coeficiente adimensional (para o cálculo R = 0,25).

δ Altura da água no dreno. Para um solo homogéneo e isotrópico, a taxa de filtração (I) é calculada da seguinte forma

$$I = \sigma . I_0$$

I: Taxa de filtração em (mm) ou (l/s/ha): *parte da chuva que se infiltra*.

σ Coeficiente de correção (restituição) que depende da permeabilidade K e do declive i.

I_0 : Caudal drenado em (mm) ou (l/s/ha). *A quantidade de chuva que cai*. Esta é também a intensidade crítica da chuva que provoca a estagnação na zona radicular (3 dias).

σOs valores de são apresentados no quadro seguinte:

K (m/s) \ pente (°/oo)		1°/oo		5°/oo		10°/oo		15°/oo
K> 5 .10⁻⁶ (Forte)	1	1	0.9	0.8	0.8	0.7	0.7	0.6
10⁻⁶< K <5 .10⁻⁶ (moyenne)	1	1	0.9	0.8	0.7	0.6	0.6	0.5
K< 10⁻⁶ (faible)	0.9	0.9	0.8	0.7	0.7	0.6	0.6	0.5

Se for utilizada irrigação, o caudal de filtração é igual ao caudal crítico:

$$I = q_C$$

δ**NB:** No caso de drenagem por tubos enterrados, os termos (a altura da água no dreno) e **R** (o coeficiente adimensional) podem ser negligenciados porque o valor da taxa de filtração **I** é demasiado negligenciável em comparação com a permeabilidade **K**.

Isto dá-nos a seguinte fórmula:

$$\frac{IE^2}{4} = K \times h^2 \quad (2)$$

- **Solo homogéneo e anisotrópico :**

$$\frac{IE^2}{4} = H^2 \times K_h \times \left(1 - 2R \times \frac{I}{K_v}\right) - \delta^2 \times K_h{}^2 \quad (3)$$

Kh: Componente horizontal da permeabilidade.

Kv: Componente vertical da permeabilidade.

- **Solo heterogéneo :**

$$\frac{IE^2}{4} = H^2 \widetilde{K}_h(H) \times \left(1 - 2R \times \frac{I}{K_v(H)}\right) - \delta^2 \widetilde{K}_h(\delta) \quad (4)$$

ii. Enchimento da vala com a mesma permeabilidade que o solo no local (K>10^(-6)) m/s) permeabilidade média a elevada

- **Solo homogéneo e isotrópico :**

$$\frac{IE^2}{4} = \gamma \times K \times h^2 \qquad \textbf{(5)}$$

- **Solo homogéneo e anisotrópico**

$$\frac{IE^2}{4} = \gamma \times K_h \times h^2 \qquad \textbf{(6)}$$

- **Solo heterogéneo :**

$$\frac{IE^2}{4} = \gamma \times \widetilde{K}_h \times h_m \qquad \textbf{(7)}$$

hm: Altura média nas diferentes camadas do solo
γ Coeficiente dependente de h e E.

$$\Rightarrow Si \ \frac{h}{E} \leq 0{,}1 \Rightarrow \gamma = 1$$

$$\Rightarrow Si \ \frac{h}{E} > 0{,}1 \Rightarrow \gamma = 1{,}2 - \frac{2h}{E}$$

b. Os sumidouros não assentam numa base impermeável p > 2m :

i. Aterro da vala mais permeável do que o solo existente:

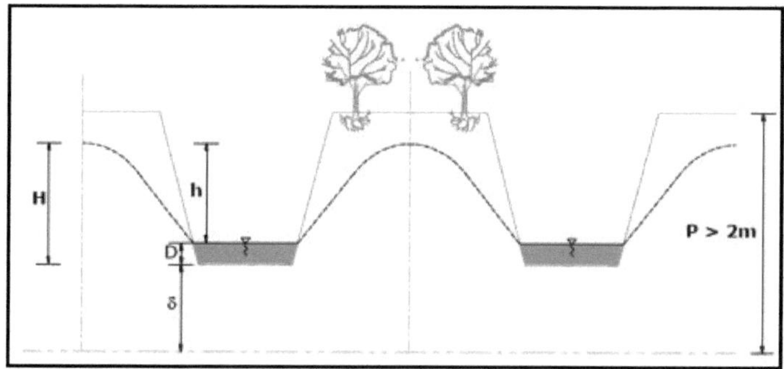

Figura 17: Sumidouros que não assentam em rocha impermeável

$$H = D + h$$

Fórmula ERNEST:

- **Solo homogéneo e isotrópico :**

$$\frac{IE^2}{4} = \frac{K.h^2}{\dfrac{1}{1+2\times\left(\dfrac{\delta+D}{h}\right)} + \dfrac{4h}{\pi\times E}Ln\left(\dfrac{\delta+D}{\phi}\right)} \quad (8)$$

ϕ Perímetro molhado do sumidouro = diâmetro interior do sumidouro

NB: para simplificar os cálculos, os valores da taxa de filtração I e da permeabilidade K devem ser traduzidos para a mesma unidade (m/d, por exemplo).

- **Solo homogéneo e anisotrópico :**

$$\frac{IE^2}{4} = \frac{K_1.h^2}{\dfrac{1}{1+2\times\dfrac{K_1}{K_2}\left(\dfrac{\delta+D}{h}\right)} + \dfrac{4h}{\pi\times E}\times\dfrac{K_1}{K_2}Ln\left(\dfrac{\delta+D}{\phi}\right)} \quad (9)$$

ii. O aterro da vala tem a mesma permeabilidade que o solo no local:

Para efetuar estes cálculos, é necessário, em primeiro lugar, : Converter o diagrama real num diagrama fictício que facilite os cálculos:

δ': Altura equivalente, que deve ser inferior a δ
δ': Altura equivalente da água, determinada pelas seguintes fórmulas :

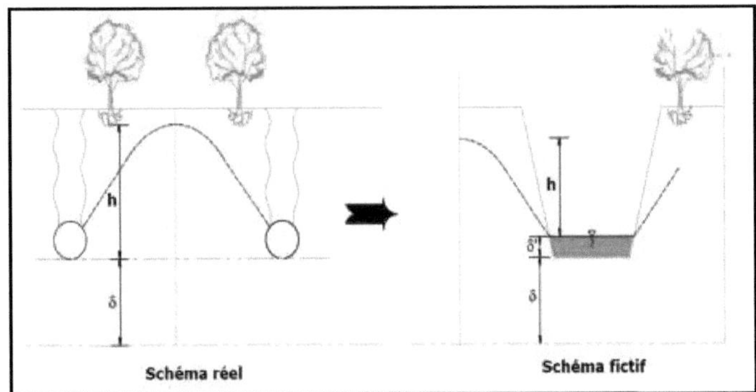

Figura 17: transformação do diagrama real num diagrama fictício

Fórmula GUYON:

$$\frac{\delta'}{E} = \frac{\frac{\delta}{E}}{1 + \frac{4 \times \delta}{E}\left(1{,}1 + \frac{20 \times h}{E}\right)} \qquad \textbf{(A)}$$

NB: Esta fórmula (A) está associada a outra fórmula que dá o gabarito (E) :

$$\frac{IE^2}{4} = \gamma \times K \times h^2 + 2 \times K \times h \times \delta' \qquad \textbf{(10)}$$

δ**Cálculo iterativo** para determinar ' de modo a que **Ef = Ec+/-0,1**

E fixo	δ(fórmula A)	Valor de Ec

Fórmula HOOGHOUDT

$$\frac{\delta'}{E} = \frac{\frac{\delta}{E}}{\left(1 - \frac{\delta}{E}\sqrt{2}\right)^2 + \frac{8 \times \delta}{\pi \times E}\left(\frac{\delta\sqrt{2}}{\phi}\right)} \qquad \textbf{(B)}$$

Com esta fórmula, temos a seguinte fórmula que dá o intervalo E :

$$\frac{IE^2}{4} = 2 \times K \times h \times \delta' \quad (11)$$

B. Método da taxa de secagem variável :

Este sistema consiste em baixar o nível inicial de um lençol freático "problemático" para um nível final num prazo que não exceda o tempo de tolerância das culturas cultivadas no solo drenado.

a. Drenos assentes numa base impermeável p < 2m :

i. Aterro da vala mais permeável do que o solo no local:

A fórmula básica para o regime de secagem variável é a fórmula de **GUYON:**

- **Solo homogéneo e isotrópico :**

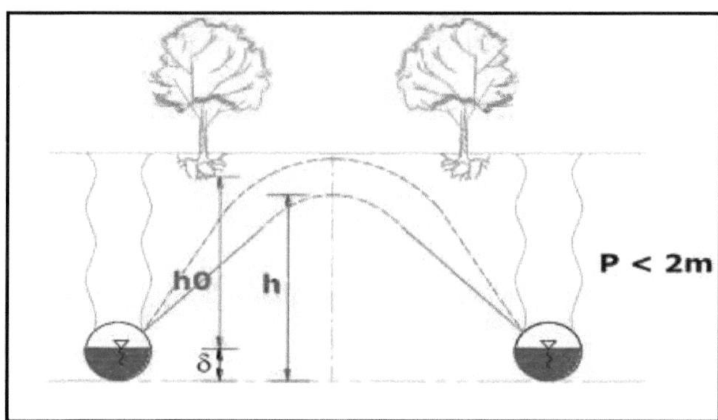

Figura 18: Sumidouros assentes em rocha impermeável (Enchimento da vala mais permeável do que o solo existente)

$$E^2 = \frac{4\delta}{N \times Ln\left(\frac{1+2\delta/h}{1+2\delta/h_0}\right)} \times \left(\frac{K \times t}{\mu} - 2R(h-h_0)\right) - \frac{4\delta^2 K}{N} \quad (12)$$

Com :

N: coeficiente sem dimensão = 0,435

R: Coeficiente adimensional (para o cálculo R = 0,25).

μ: porosidade de drenagem (dada pelo ábaco n.º 1) ou pela *seguinte fórmula* :

$$\mu = 4{,}7008 \times Ln\,(K) + 6{,}2016 \quad avec\ K\ en\ (cm/h)$$

t: tempo de rebaixamento: tempo de tolerância da cultura.

Se K(m/s) então t(s)

Se K(m/j) então t(j)

- **Solo homogéneo e anisotrópico :**

- ***Valas abertas***

$$E^2 = \frac{4\delta}{N \times Ln\left(\frac{1+2\delta/h}{1+2\delta/h_0}\right)}\left(\frac{K_h \times t}{\mu} - 2R\frac{K_h}{K_v}(h-h_0)\right) - \frac{K_h}{K_v}\frac{\delta^2}{N} \qquad \textbf{(13)}$$

- ***Tubos enterrados***

Para as condutas enterradas => **(12)** é permitida uma restrição que pode ser escrita como :

$$E^2 = \frac{2 \times K \times h_0 \times h \times t}{\mu \times N \times (h_0 - h)} \qquad (14)$$

- **δsolo homogéneo e anisotrópico:** para este tipo de solo, os termos R e são negligenciados:

$$E^2 = \frac{2 \times K_h \times h_0 \times h \times t}{\mu \times N \times (h_0 - h)} \qquad \textbf{(15)}$$

- ***Tubos enterrados***

$$E^2 = \frac{2 \times \widetilde{K}_h(h_m) \times h_0 \times h \times t}{\mu \times N \times (h_0 - h)} \qquad (16)$$

Avec :

$$h_m = \frac{h + h_0}{2} \qquad V_m = \frac{h_0 - h}{t} \qquad w = \frac{\delta}{h_m}$$

ii. O aterro da vala tem a mesma permeabilidade que o solo no local:

- **Solo homogéneo e isotrópico :**

$$E^2 = \frac{2 \times K \times h_0 \times h \times t}{\mu \times N \times (h_0 - h)} \quad \textbf{(14)}$$

- **Solo homogéneo e anisotrópico :**

$$E^2 = \frac{2 \times K_h \times h_0 \times h \times t}{\mu \times N \times (h_0 - h)} \quad \textbf{(15)}$$

b. Drenos que não assentem sobre a base impermeável p > 2m :

i. Aterro da vala mais permeável do que o solo no local: Sem fórmulas

ii. Enchimento da vala mais permeável do que o solo no local:

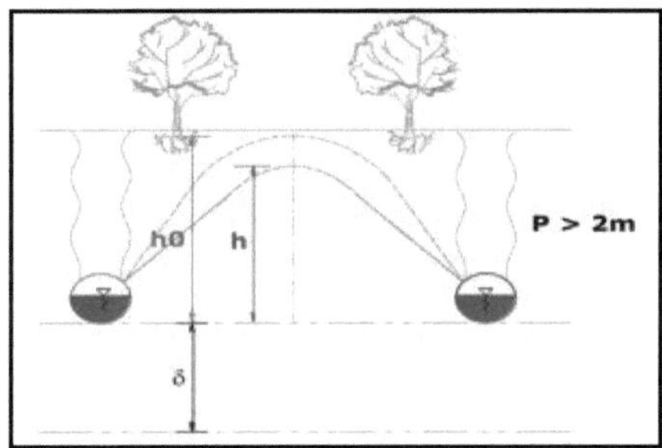

Figura 19: Sumidouros que não assentam em rocha impermeável

$$E^2 = \frac{4 \times K \times t \times \delta'}{\mu \times N \times Ln\left(\dfrac{1 + 2\delta'/h}{1 + 2\delta'/h_0}\right)} \quad \textbf{(17)}$$

δO valor de ' é dado pela fórmula **(A)** ou pela fórmula **(B)**

ρ**(A)** e **(17)** ou **(B)** e **(17)** ==> Também se pode utilizar o gráfico nº 2: Lê-se o valor de e determina-se a distância **E** diretamente através da fórmula :

$$E = \frac{h_m}{\rho}$$

hm: Altura média da água nas diferentes camadas do solo (m) :

$$h_{(m)} = (h + h_0)/2$$

IV.3 Determinação dos caudais de escoamento

IV.3.1. Determinação dos fluxos caraterísticos e dos fluxos unitários

Existem dois tipos de caudal:

Caudal caraterístico q_c: caudal por unidade de superfície drenada (l/s/ha).

Caudal unitário q: caudal por unidade de comprimento do escoamento (m^3/s/ml).

$$\begin{matrix} Q = q \times L \\ Q = q_c \times E \times L \end{matrix} \Rightarrow q_c = \frac{q}{E}$$

A. Método do estado estacionário :

I0: Porção de chuva que cai (mm/d).

I: Porção da precipitação que se infiltra (mm/d).

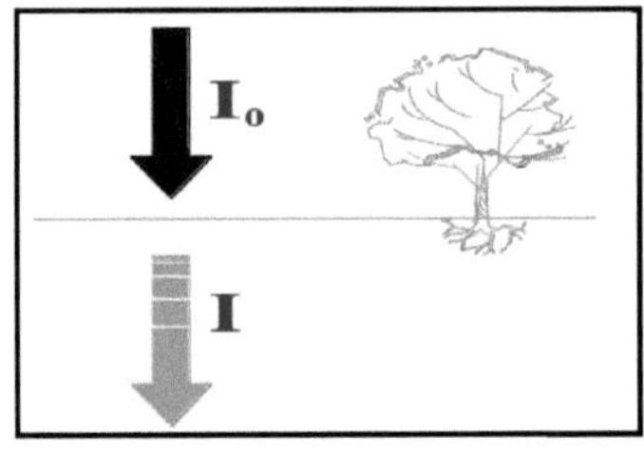

$$I(mm/j) = (m^3/j/ha) => q_C$$

I = q_c: para todos os casos de estado estacionário.

q_c (mm/h) = I (mm/h)

q_c (l/s/ha) = 116 x I (m/d)

I: pode também ser a intensidade da rega.

Assim, para o estado estacionário :

$$q = I \times E$$

q ($m^3/s/ml$), E(m) e I (m/s)

O intervalo **E** é determinado pelas fórmulas de **(1)** a **(11).**

B. Método da taxa de secagem variável :

Determinar **q** e deduzir $\mathbf{q_c}$

1st caso :

Se for mas $\mathbf{q_c = I_0}$ **/ tempo a tolerância da planta à asfixia**.

2° caso :

$$q_c = \frac{q}{E}$$

E **q** varia de caso para caso:

a. Drenos assentes numa base impermeável p < 2m :

i. Aterro da vala mais permeável do que o solo existente:

- **Solo homogéneo e isotrópico :**

$$q = \frac{2 \times P \times h_m \times K \times (h_m + 2.\delta) \times E}{N \times E^2 + 4R(h_m + \delta)^2} \qquad \text{(q13)}$$

O intervalo E é determinado pela fórmula **(13)**

P: coeficiente sem dimensão = 0,73

N: coeficiente sem dimensão = 0,43.

hm: Altura média nas diferentes camadas do solo (m)

K: permeabilidade do solo drenado em (m/s)

ii. O aterro da vala tem a mesma permeabilidade que o solo no local:

- **Solo homogéneo e isotrópico :**

$$q = \frac{2 \times P \times h_m^2 \times K}{N \times E} \qquad \text{(q14)}$$

Com **E**: determinado pela fórmula **(14).**

b. Drenos que não assentem sobre a base impermeável p > 2m :

i. Aterro da vala mais permeável do que o solo no local: Sem fórmulas

ii. O aterro da vala tem a mesma permeabilidade que o solo no local:

$$q = \frac{2 \times P \times K \times h_m (h_m + 2\delta')}{E}$$ (q17A ou17B)

A distância E é determinada pelas fórmulas **(17) e (A)** ou **(17) e (B)**.

IV.4. Determinação dos caudais máximos nos colectores

O caudal máximo (m^3/s) por escoamento é calculado do seguinte modo

$$Q_{Max} = 21{,}82 \times D_{\text{int}}^{8/3} \times i(\text{‰})^{1/2}$$

i: o declive do sumidouro

D_{int}: diâmetro interno do sumidouro (m)

IV.5. Determinação dos comprimentos máximos de escoamento

O comprimento máximo (m) por escoamento é calculado da seguinte forma:

$$L_{Max} = \frac{21{,}82 \times D_{\text{int}}^{8/3} \times i(\text{‰})^{1/2}}{q(m^3 / s / ml)}$$

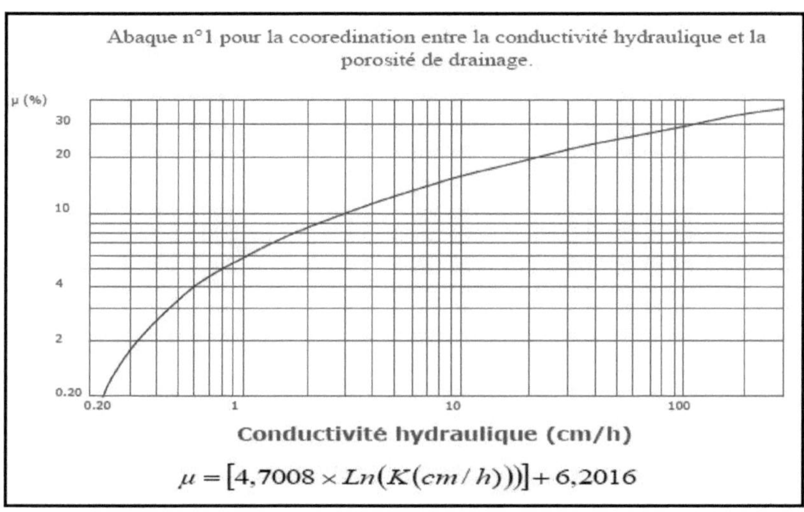

$$\mu = [4,7008 \times Ln(K(cm/h))] + 6,2016$$

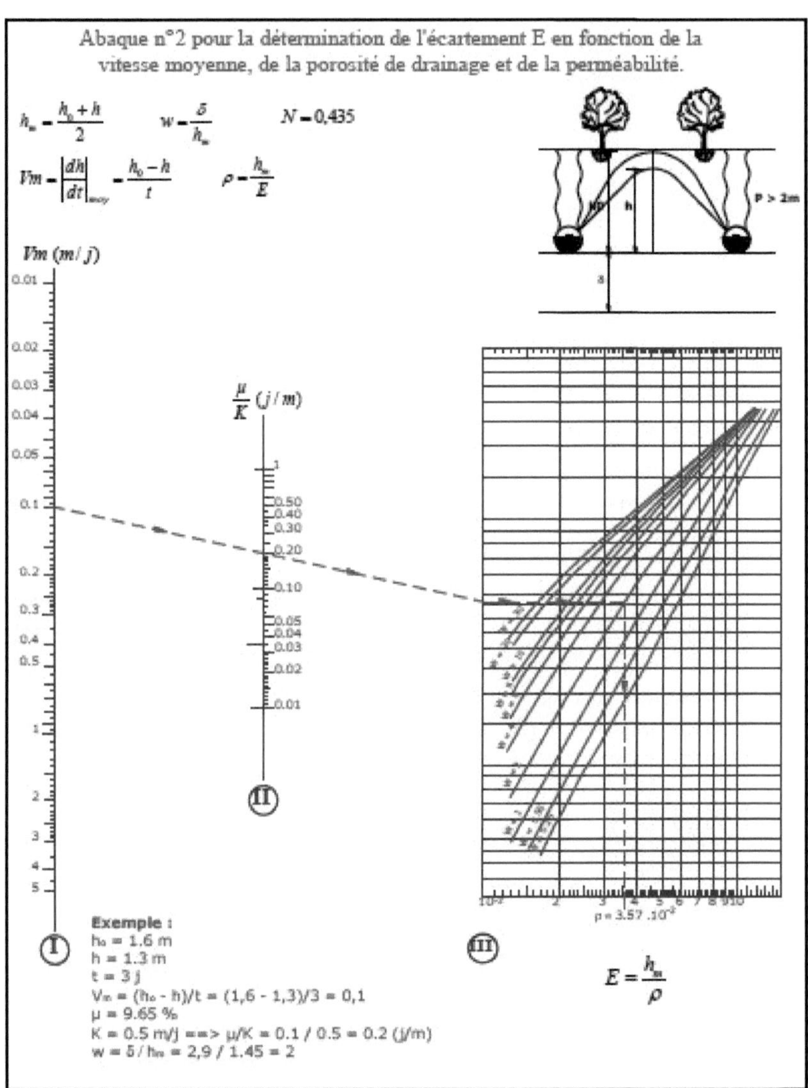
Abaque n°2 pour la détermination de l'écartement E en fonction de la vitesse moyenne, de la porosité de drainage et de la perméabilité.
$h_m = \frac{h_0 + h}{2}$
$w = \frac{\delta}{h_m}$
$N = 0,435$
$Vm = \left|\frac{dh}{dt}\right|_{moy} = \frac{h_0 - h}{t}$
$\rho = \frac{h_m}{E}$
P > 2m
Vm (m/j)
$\frac{\mu}{K}$ (j/m)
I
II
III
$\rho = 3.57 \cdot 10^{-2}$
$E = \frac{h_m}{\rho}$
Exemple :
h_0 = 1.6 m
h = 1.3 m
t = 3 j
V_m = (h_0 - h)/t = (1,6 - 1,3)/3 = 0,1
μ = 9.65 ‰
K = 0.5 m/j ==> μ/K = 0.1 / 0.5 = 0.2 (j/m)
w = δ / h_m = 2,9 / 1.45 = 2

Capítulo V: Entupimento de esgotos e materiais filtrantes

V.1 Introdução

É desastroso constatar que os sumidouros ficaram entupidos após a instalação e que o investimento foi desperdiçado. O entupimento dos sumidouros é influenciado pelas caraterísticas do solo, do sumidouro e das condições de instalação. Para controlar o entupimento do sumidouro, é importante compreender os fenómenos que lhe estão associados. Os materiais filtrantes são utilizados para controlar o assoreamento dos sumidouros e é necessário conhecê-los e às condições de utilização para poder fazer recomendações adequadas.

V.2 Tipos de entupimento

Antes de descrever os fenómenos de entupimento dos esgotos, é importante conhecer as suas formas e origens em termos terminológicos.

Os canos de esgoto podem ficar bloqueados de duas formas:

- **O entupimento externo** é a obstrução total ou parcial das perfurações e/ou a redução da condutividade hidráulica do solo nas proximidades do sumidouro, o que limita a penetração da água no sumidouro. O sumidouro perde então grande parte da sua eficácia hidráulica.
- **O entupimento interno** é a obstrução total ou parcial do sumidouro por partículas de terra, raízes ou depósitos químicos ou biológicos. Este entupimento reduz a secção hidráulica do tubo e a sua capacidade de transporte.

O entupimento pode ter uma única causa ou uma combinação de causas. As principais causas são :

- **Entupimento mineral**: é causado pela migração de partículas minerais que se depositam no tubo (**entupimento interno**) e/ou se imobilizam na área em torno do dreno. Esta última leva à formação de uma zona de baixa permeabilidade (**entupimento externo**). Este entupimento pode ocorrer rapidamente após o assentamento, durante o período de consolidação do solo na vala junto ao sumidouro. É o chamado entupimento primário. É causado principalmente por más condições de instalação, quando o solo está muito húmido ou saturado. O entupimento também pode ocorrer durante os períodos subsequentes de fluxo, caso em que é referido como entupimento secundário. O entupimento secundário deve-se principalmente à natureza do solo. O entupimento secundário dos colectores por partículas de solo é também conhecido como assoreamento dos colectores. É a principal forma de entupimento com que os profissionais têm de lidar. Em alguns casos, o assoreamento dos esgotos pode ocorrer muito rapidamente, mesmo no espaço de um ano após a instalação.

- Bloqueios **"físico-químicos"** e **"biológicos"**: são devidos a alterações do meio ambiente provocadas pela instalação dos sumidouros, causando a proliferação de microflora adaptada às novas condições e/ou depósitos resultantes de transformações químicas. As obstruções "férricas" são as mais frequentes: combinam depósitos de óxido de ferro que obstruem as perfurações e o desenvolvimento de um gel bacteriano no interior do sumidouro.
- **Entupimento radicular**: é provocado pela acumulação de pêlos radiculares no sumidouro. Ocorre principalmente em situações de escoamento em que a água é transportada a partir de uma fonte. Neste caso, o sumidouro é um ambiente ideal para a atração das raízes, pois fornece uma reserva de água e de ar facilmente utilizável. As radículas penetram no sumidouro através das perfurações e, quando morrem, criam tampões nos tubos que impedem o fluxo de água.

V.3 Membranas geotêxteis

Existem diferentes categorias de membranas geotêxteis.

V.3.1. Membranas tecidas

As membranas tecidas são constituídas por fibras que correm em duas direcções perpendiculares e se cruzam. Em comparação com outros métodos de fabrico, a tecelagem é um método mais caro, mas tem a vantagem de produzir um produto com uma estrutura simples: a distribuição do tamanho dos poros é, até certo ponto, uniforme, simples e fácil de determinar. Além disso, a geometria relativamente simples das membranas tecidas significa que as suas propriedades mecânicas podem ser diretamente relacionadas com as das fibras.

É de notar, no entanto, que as caraterísticas de tensão das membranas tecidas são quase sempre apresentadas em termos da direção da urdidura ou da trama, mas se as membranas forem sujeitas a tensão noutra direção (diagonal), as suas propriedades são consideravelmente alteradas.

De um modo geral, as membranas tecidas oferecem uma resistência média a muito elevada e têm também uma estrutura de poros simples.

V.3.2. Membranas tricotadas

Enquanto nas membranas tecidas os fios são essencialmente rectos, as membranas tricotadas são constituídas por laços de fibras ligados por segmentos lineares. Devido a esta estrutura, as membranas tricotadas podem ser sujeitas a tensão numa ou mais direcções sem aumentar significativamente a tensão nas fibras. O processo de tricotagem tem duas vantagens em relação à tecelagem. É menos dispendioso e oferece a possibilidade de fabricar tubos. Uma aplicação para estes tubos é a sua utilização como filtros em torno de drenos agrícolas.

V.3.3. Membranas não tecidas

Este grupo inclui todas as membranas que não são nem tecidas nem tricotadas. São constituídas por fibras ligadas entre si por diversos processos que lhes conferem propriedades específicas. De um modo geral, as membranas não tecidas são relativamente baratas e têm uma resistência à tração baixa a média. São também muito deformáveis. São amplamente utilizadas como filtros, drenos, agentes de separação ou em trabalhos de reforço ligeiro.

V.3.4. Membranas agulhadas

O agulhamento é um processo mecânico em que os filamentos são entrelaçados com agulhas, conferindo ao tapete resultante uma certa resistência. Para uma maior resistência, podem também ser sobrepostas várias camadas e agulhadas em conjunto.

As membranas perfuradas por agulha são espessas em relação ao seu peso (85 a 90% de vazio) e a estrutura dos poros é bastante complexa. Este facto pode ser uma vantagem na filtração.

V.3.5. Membranas ligadas termicamente

As fibras são ligadas entre si, passando-as entre dois cilindros aquecidos sob alta pressão. Os filamentos são soldados entre si nos pontos de contacto. A membrana formada é relativamente fina; a configuração e o tamanho dos poros são independentes da tensão aplicada à membrana. No entanto, acontece frequentemente que, se o véu de fibras for aquecido o suficiente para criar uma ligação forte entre as fibras, há uma degradação das suas propriedades mecânicas e uma redução da sua orientação.

V.3.6. Membranas quimicamente ligadas

Estas membranas são produzidas através da impregnação do velo de fibras com uma resina para as unir. A espessura e a estrutura destas membranas são intermédias entre as membranas agulhadas e as termoligadas. No entanto, este método é o mais dispendioso e, mantendo-se todos os outros factores iguais, as membranas quimicamente ligadas têm menos vazios e menor permeabilidade.

V.3.7. Outros tipos

As membranas também podem ser fabricadas utilizando uma combinação destas técnicas de ligação. Por exemplo, as membranas quimicamente ligadas são frequentemente perfuradas com agulhas. Por outro lado, muitas membranas são produzidas utilizando mais do que uma técnica de construção e de ligação: por exemplo. É prática comum perfurar fibras com agulha sobre um suporte tecido. Assim, é evidente que existe uma grande variedade de membranas e é também evidente que é possível obter uma gama ainda mais alargada com o desenvolvimento de novas técnicas e materiais. A gama de caraterísticas destas membranas é muito ampla, tanto em termos de caraterísticas dos poros como de propriedades mecânicas. Podem também ter tempos de vida muito diferentes. Por conseguinte, o engenheiro terá de reconhecer estas diferenças e escolher as membranas mais adequadas para cada aplicação específica.

Capítulo VI: Identificação dos problemas de drenagem

VI.1 Introdução

Os engenheiros são frequentemente chamados a identificar as causas do mau funcionamento de um sistema de drenagem subterrâneo. Para o agricultor, um sistema de drenagem subterrânea apresenta um problema quando o solo permanece húmido durante períodos de tempo variáveis. Para além destas aparências, todos os problemas de drenagem subterrânea apresentam sintomas que o engenheiro terá de observar para melhor identificar o problema.

Os problemas de drenagem subterrânea são tanto mais difíceis de identificar quanto estão enterrados com a drenagem e não são diretamente visíveis. Tal como um médico, o engenheiro deve tentar detetar todos os sintomas que lhe permitirão identificar a doença no sistema de drenagem. Uma vez identificados o problema e as suas causas, o engenheiro pode, se possível, recomendar medidas corretivas adequadas.

O objetivo deste capítulo é apresentar os vários problemas associados ao mau funcionamento dos sistemas de drenagem subterrânea e os sintomas que lhes podem estar associados. Conhecendo os problemas e os sintomas a eles associados, tentaremos desenvolver uma estratégia de identificação dos problemas.

VI.2 Funcionamento de um sistema de drenagem subterrâneo

Antes de discutir a identificação de problemas na drenagem subterrânea, seria útil descrever o funcionamento de um sistema normal e o seu desempenho.

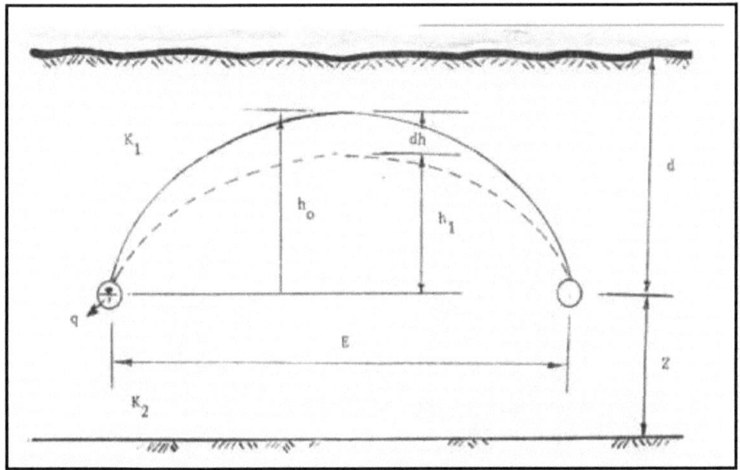

Figura 20: Diagrama de um sistema de drenagem subterrâneo

Um sistema de drenagem subterrâneo caracteriza-se por (Figura 20)

* limites físicos :

- *a profundidade dos sumidouros "d*
- *a profundidade do solo permeável por baixo dos colectores "Z*
- *a distância entre os sumidouros "E*
- *o raio do escoamento "r*

* Propriedades do solo :

- *as condutividades hidráulicas das camadas de solo acima e abaixo dos drenos "K1 e K2*
- *porosidade de drenagem equivalente*

* caraterísticas hidráulicas :

- *a altura do lençol freático acima dos sumidouros "h0 e h1*
- *o caudal de escoamento da unidade "q*

O funcionamento de um sistema de drenagem subterrâneo ideal pressupõe que os sumidouros são instalados numa vala cuja condutividade hidráulica é superior à do solo circundante (K vala > Ksol).

Para um sistema de drenagem a funcionar normalmente, o nível freático tem uma forma parabólica como a observada e mostrada na Figura 13.2. O solo na vala e no sumidouro oferece muito pouca resistência à entrada de água e o nível freático quase atinge o sumidouro. A carga hidráulica junto ao sumidouro é geralmente inferior a 20 cm.

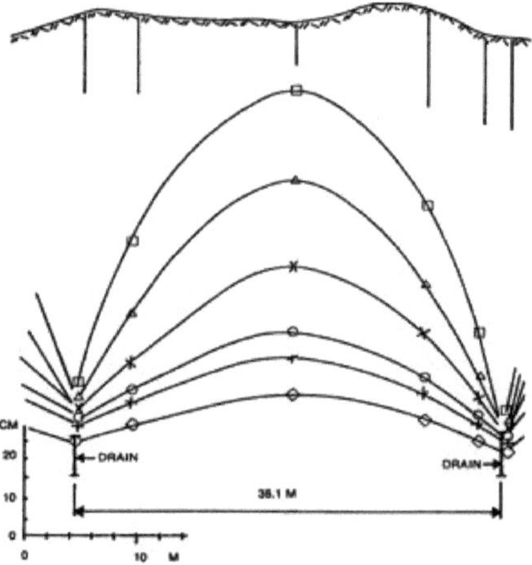

Figura 21: Perfis do lençol freático durante o rebaixamento

Quando o sumidouro não está a escoar sob carga, considera-se que está a escoar numa superfície livre e podemos aproximar o declive hidráulico do declive do sumidouro; este é o caso normalmente considerado no projeto. Note-se que não é a inclinação do sumidouro que provoca o escoamento no sumidouro, mas sim a inclinação hidráulica da linha de água acima do sumidouro

VI.3 Problemas e sintomas

Quando um agricultor refere que o seu sistema de drenagem subterrânea não está a funcionar corretamente, é porque pensa que o seu sistema não está a funcionar como esperado. Para eles, o problema assume a forma de atrasos na entrada no campo na primavera, no outono ou após chuvas fortes, problemas de tráfego e, por vezes, problemas de crescimento das plantas e rendimentos medíocres. O papel do engenheiro é separar os problemas de drenagem de outros problemas, identificá-los e encontrar soluções.

Antes de definir uma abordagem para a identificação dos diferentes problemas de drenagem subterrânea, é útil identificar os problemas susceptíveis de serem encontrados e apresentar os sintomas que lhes estão associados.

VI.3.1 Dreno partido, esmagado ou bloqueado por um corpo estranho

Um sumidouro partido, esmagado ou bloqueado reduz parcial ou totalmente a secção transversal do sumidouro. Quando a secção transversal está completamente bloqueada, a água flui de volta para montante. Sob a pressão criada no sumidouro, a água difunde-se no solo e volta a entrar no sumidouro num ponto a jusante da rutura ou da obstrução (Figura 22). O lençol freático recua ao escoar para os sumidouros vizinhos, se estes estiverem a funcionar corretamente. Em terreno plano, a situação a montante do ponto problemático é equivalente à inexistência de sumidouro, e o sistema de drenagem comporta-se como se a distância entre os sumidouros fosse o dobro da distância instalada.

a- Terreno plano

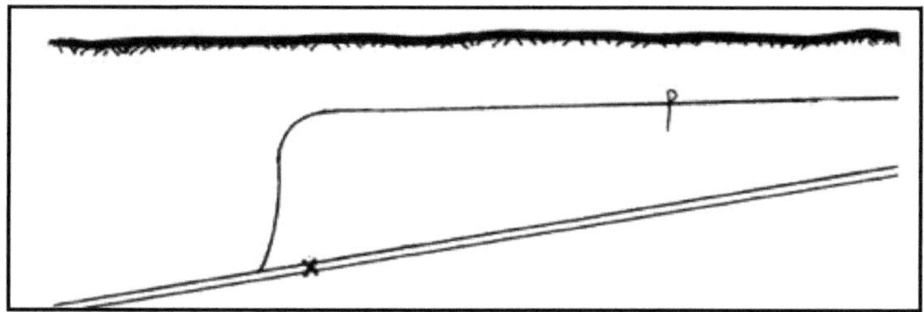

b- Terreno inclinado

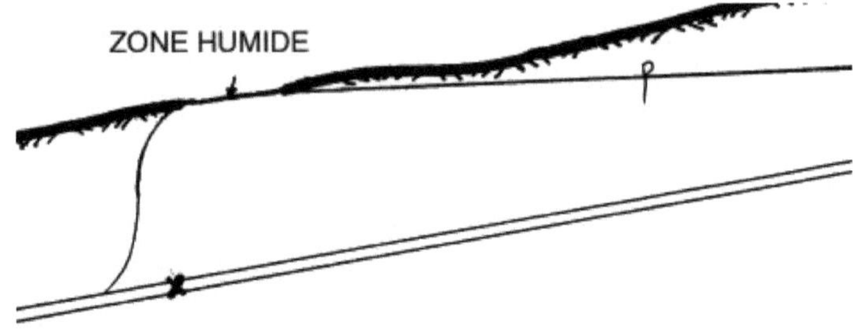

c- **Padrão de difusão da água**

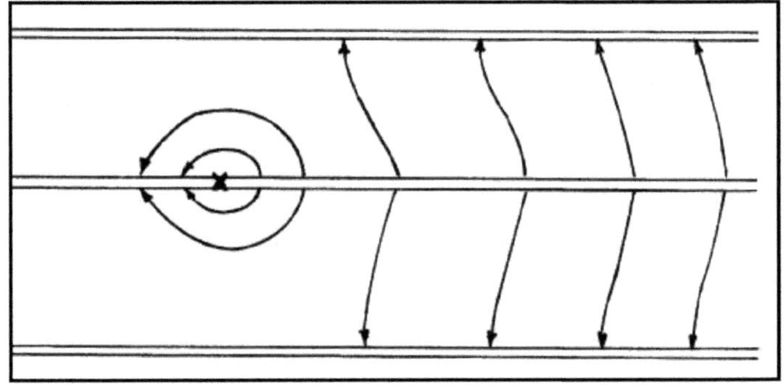

Figura 22: Canal trapezoidal e definição dos termos.

Desta forma, o lençol freático será rebaixado a aproximadamente um terço da taxa prevista. Se o projeto tiver previsto um rebaixamento muito rápido e a condutividade hidráulica do solo for muito elevada, o problema será quase impercetível. No caso de terrenos inclinados, o problema terá consequências completamente diferentes. Se o nível freático a montante for mais elevado do que o nível do sumidouro no ponto problemático, escoará proporcionalmente ao gradiente existente e alimentará continuamente o sumidouro. O caudal assim produzido recuará quando atingir o ponto problemático e terá de se difundir no solo para atingir o sumidouro a jusante e os outros sumidouros circundantes. Como o sumidouro é sempre alimentado pelo lençol freático a montante, o solo na proximidade da rutura estará continuamente muito húmido e teremos a impressão de estar na presença de uma nascente. Nalguns casos, podemos mesmo ver um fio de água a emergir da superfície do solo. Por outro lado, teremos a impressão de que o escoamento está a funcionar mais ou menos normalmente na extremidade a montante do escoamento.

A melhor forma de identificar o problema é observar o perfil do nível freático transversal e longitudinalmente ao sumidouro, utilizando piezómetros ou poços de observação. O perfil do nível freático longitudinalmente ao sumidouro (de preferência a alguns centímetros deste) será quase horizontal a montante do ponto de obstrução e apresentará uma descida acentuada do nível de água nos poucos metros a jusante (Figura 23). O perfil transversal apresentará um lençol de água como se o sumidouro não existisse. A pressão da água no sumidouro será sempre igual ou superior à do lençol freático circundante. A introdução de uma haste no sumidouro fará com que o nível da água suba num furo feito acima do sumidouro em vez de o baixar.

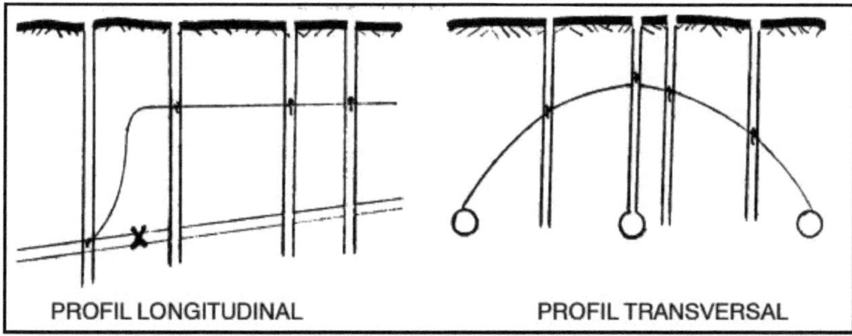

Figura 23: Perfil do nível freático para um sumidouro partido, esmagado ou bloqueado.

Quando é detectada uma rutura, um esmagamento ou uma obstrução, a localização exacta da obstrução é determinada da seguinte forma

a) Identificar os dois piezómetros ou poços consecutivos perfurados ao longo do sumidouro onde se observou uma descida significativa do nível da água,

b) escavar um poço a meio caminho entre os dois poços que apresentam uma descida significativa do nível da água,

c) Se o nível da água estabilizar ao mesmo nível que os poços a montante, a zona problemática situa-se a jusante deste poço. Se o nível da água estabilizar próximo do nível do sumidouro, a zona problemática situa-se a montante deste poço,

d) repetir os passos b) e c), reduzindo a distância para metade, até que os dois poços fiquem a menos de quatro metros de distância,

e) Cave entre os dois poços e descobrirá o vaso das rosas. Não se surpreenda se se encontrar a trabalhar num lago de água.

Esta abordagem só funciona se o nível do lençol freático for superior ao nível dos esgotos. É possível localizar um dreno partido ou bloqueado mesmo com um lençol freático 20 a 30 cm acima dos drenos. Para os que consideram este procedimento um pouco moroso, é possível substituir as etapas b) a d) cavando uma série de poços próximos entre os dois poços que apresentem uma descida significativa do nível da água.

VI.3.2. Dreno cheio de sedimentos

Um sumidouro parcialmente cheio de sedimentos tem uma secção transversal livre e uma capacidade de escoamento reduzida em toda a parte afetada do sistema. O sumidouro (lateral ou coletor) não pode transportar toda a água que o lençol freático poderia fornecer. Como resultado, o sumidouro fluirá como um sumidouro carregado, dando a ilusão de um sumidouro instalado a uma profundidade rasa abaixo do nível freático. O perfil da secção transversal do lençol freático apresentará uma ligeira curvatura (Figura 24) e a pressão no sumidouro será superior ao diâmetro do sumidouro mas inferior à altura manométrica de um piezómetro adjacente ao sumidouro.

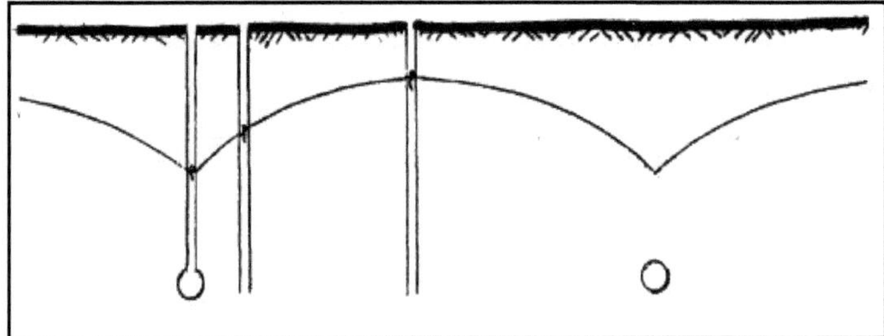

Figura 24: Perfil do lençol freático para drenos parcialmente preenchidos com sedimentos.

Quando o nível freático é muito baixo, o perfil da secção transversal do nível freático dará a ilusão de um sumidouro a funcionar normalmente. O caudal do sistema em função da altura do nível freático será o indicado na Figura 25.

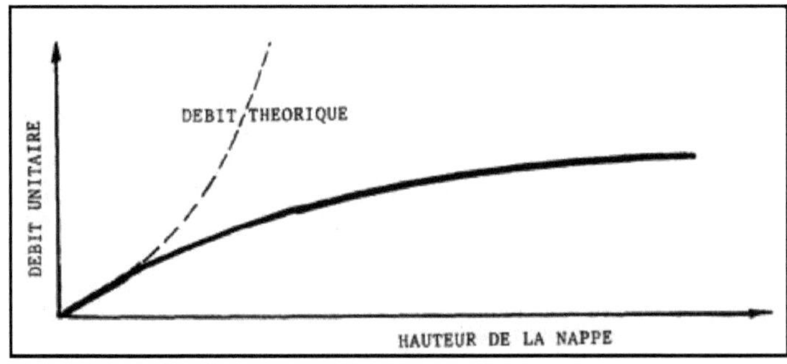

Figura 25: Escoamento unitário de um dreno parcialmente cheio de sedimentos.

VI.3.3. Ralo entupido em todo o seu perímetro

Um sumidouro que esteja obstruído em todo o seu perímetro (obstrução externa) oferece uma resistência muito elevada à entrada de água no sumidouro. Como resultado, a maior parte da carga hidráulica disponível será utilizada para forçar a água a entrar no sumidouro e o caudal unitário será muito reduzido (Figura 26).

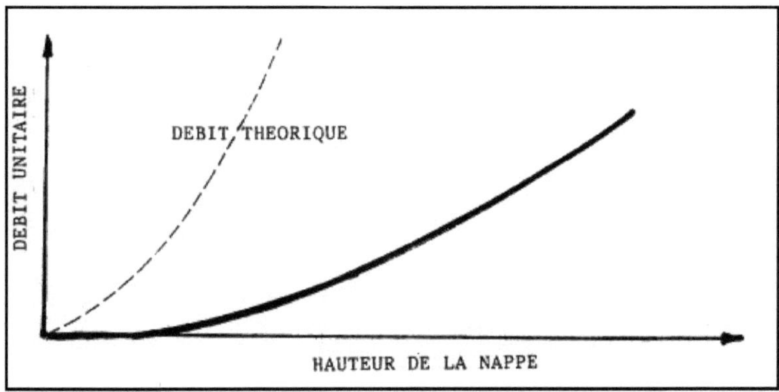

Figura 26: Caudal unitário de um sumidouro obstruído em todo o seu perímetro.

O perfil da secção transversal do lençol freático será quase horizontal, com uma carga hidráulica muito elevada perto do dreno mas com uma pressão de água muito baixa no dreno (Figura 27).

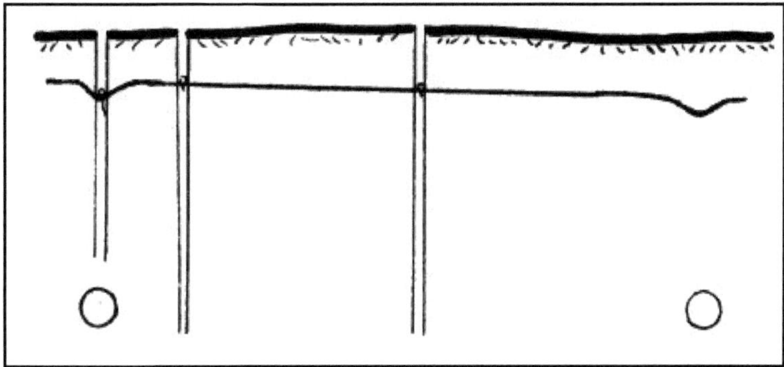

Figura 27: Perfil do lençol freático de um sumidouro obstruído em todo o seu perímetro

Um esgoto entupido a toda a volta é difícil de corrigir. A instalação de um novo sistema de drenagem é quase a única solução e só deve ser considerada quando a causa do entupimento tiver sido identificada. As principais causas são a quebra da estrutura do solo durante a instalação ou o entupimento do filtro à volta do dreno.

VI.3.4. Dreno instalado numa vala que se tornou praticamente impermeável

É semelhante ao caso de um sumidouro entupido em todo o seu perímetro, exceto que será muito difícil identificar uma altura hidráulica acima do sumidouro através de um poço de observação ou de um piezómetro.

Este caso verifica-se principalmente em solos sensíveis (principalmente argilas) onde a instalação é efectuada quando o nível freático é demasiado elevado. As vibrações da máquina destroem toda a estrutura do solo à volta da vala.

VI.3.5. Dreno instalado num horizonte impermeável ou de baixa condutividade hidráulica

Esta situação assume duas formas:

o dreno foi preenchido com solo superficial mais permeável ou a fracturação do solo pela máquina de pavimentação tornou-o tão permeável como o solo do horizonte superior,

- O dreno foi preenchido com solo do horizonte de baixa permeabilidade, e este solo recuperou a sua baixa condutividade hidráulica.

No primeiro caso, o perfil da secção transversal do nível freático é quase horizontal com uma carga hidráulica muito baixa na vala. O caudal unitário (Figura 28) e o rebaixamento do nível freático correspondem aos de um sumidouro instalado na interface de um horizonte de baixa condutividade hidráulica. Este caso geralmente causará poucos problemas se o horizonte de baixa permeabilidade tiver mais de 80 cm de profundidade.

Quanto ao segundo caso, apresentará os mesmos sintomas que um sumidouro obstruído no seu perímetro. Este caso poderia ser evitado se o perfil do solo fosse corretamente identificado aquando da elaboração do plano de drenagem.

Figura 28: Caudal unitário de um dreno instalado num horizonte de baixa permeabilidade mas onde a vala é permeável.

VI.3.6. Depressões

As depressões causam grandes problemas de drenagem. Devido à sua localização topográfica, são o local ideal para a acumulação de águas de escoamento. Além disso, o escoamento hipodérmico pode contribuir para alimentar a depressão mesmo quando não há escoamento. As depressões são locais que permanecem húmidos durante longos períodos. Isto dificulta o crescimento das plantas e atrasa ou impede a deslocação das máquinas. Devido à forma como o solo é trabalhado em condições de humidade, as depressões têm frequentemente uma camada endurecida por baixo da camada de lavoura, o que retarda consideravelmente a percolação da água em direção ao lençol freático. Uma depressão caracteriza-se por um nível de água na depressão que é superior ao do lençol freático circundante.

A correção dos problemas de depressão nem sempre é fácil. Se a depressão não tiver uma camada endurecida, pode simplesmente ser preenchida com terra. Se a depressão tiver uma camada endurecida, o problema não pode ser resolvido apenas com o enchimento da depressão, pois o fluxo hipodérmico continuará a alimentá-la. A camada endurecida também tem de ser quebrada, o que não é fácil.

VI.3.7. Presença de uma camada de arado compacta

Uma camada compactada de lavoura terá o efeito de reduzir a capacidade de infiltração da água no solo e abrandará o ritmo a que o solo volta a secar depois de uma chuva. Como resultado, a camada de lavoura permanecerá húmida durante muito tempo depois de uma chuva. Um lençol de água tenderá a aparecer muito rapidamente na superfície do solo após o início da chuva. Os poços de observação mostrarão um lençol freático baixo (figura 29) mesmo que a camada de arado pareça saturada e, por vezes, mostrarão um lençol freático empoleirado se houver uma sola de arado (figura 30).

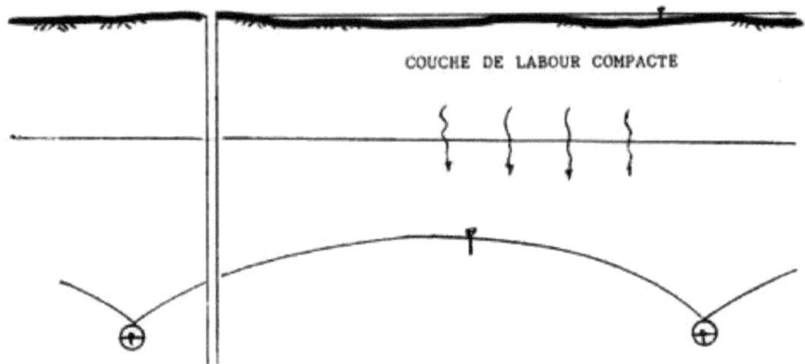

Figura 29: Efeito de uma camada compacta de lavoura no lençol freático

Esta situação vai reduzir a quantidade de água que pode infiltrar-se para humedecer o perfil na estação seca (acentuando os problemas de défice hídrico) e tornar a planta desconfortável quando chove. A planta pode também sofrer de falta de oxigenação. Nesta situação, os rendimentos podem ser afectados sem que o sistema de drenagem subsuperficial tenha culpa. Esta situação é causada principalmente pela compactação do solo e por uma má gestão do solo e das culturas. Está frequentemente associada a uma redução do teor de matéria orgânica. A solução é agronómica: melhor gestão do solo e das culturas, incluindo a rotação de culturas. A descompactação do solo é geralmente apenas uma solução a curto prazo.

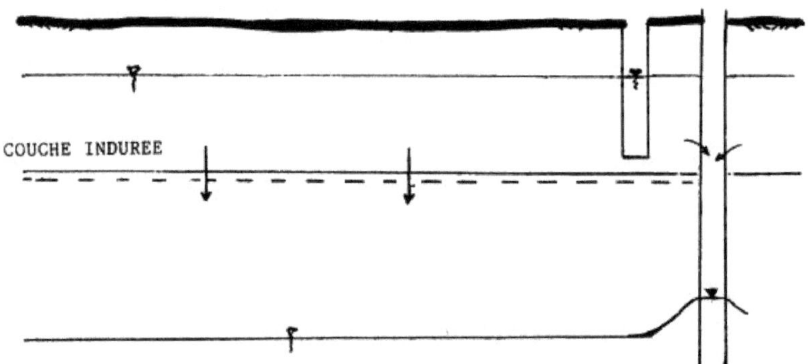

Figura 30: Efeito de uma sola de arado ou de uma camada endurecida

VI.3.8 Presença de um horizonte endurecido ou de uma sola de lavoura

A presença de um horizonte endurecido ou de uma base de lavoura reduzirá a percolação da água em direção ao lençol freático e provocará a criação de um lençol freático empoleirado nos horizontes superiores. A taxa a que este nível freático empoleirado é rebaixado dependerá apenas da taxa a que a água percola através do horizonte endurecido ou da base da lavoura e não do espaçamento entre os drenos, a menos que o nível freático profundo atinja o horizonte endurecido ou a base da lavoura.

A identificação de um horizonte endurecido ou de uma base de lavoura pode ser feita facilmente quando a superfície do solo permanece húmida após uma chuva e o lençol freático está presente. Uma secção transversal do perfil do solo mostrará facilmente a infiltração na interface da base ou do horizonte endurecido. A utilização de um poço profundo (1 - 1,5 m) e de um poço perfurado no horizonte superficial mostrará o comportamento caraterístico mostrado na figura 30 após uma chuva forte. Uma diferença de nível de água entre os poços rasos e profundos é uma indicação segura da presença de um lençol freático empoleirado e de um horizonte endurecido ou de uma base lavrada.

O problema pode ser corrigido por subsolagem se o horizonte problemático for pouco profundo. A solução não é necessariamente permanente e o problema pode voltar a surgir.

VI.3.9 Dreno instalado a uma profundidade demasiado pequena

A principal influência da profundidade dos drenos é sobre as condições de condução das máquinas. Reconhece-se que o nível freático deve estar a uma profundidade mínima de 50 a 60 cm para que o solo tenha capacidade de suporte suficiente para permitir o tráfego de máquinas. Assim, um sistema de drenagem subterrâneo concebido para baixar o nível freático em 30 cm/d quando o nível freático atinge a superfície do solo demorará 2,8 dias a baixar o nível freático desde a superfície do solo até uma profundidade de 60 cm se o sistema for concebido e instalado para drenos de um metro de profundidade. O mesmo sistema projetado e instalado para drenos de 75 cm de profundidade demorará 6,7 dias. Um sistema concebido para drenos de um metro de profundidade mas instalado a uma profundidade de 75 cm demorará 10 dias. Este agricultor vai sentir-se como se estivesse a esperar uma eternidade para entrar no seu campo. Os cálculos foram efectuados considerando uma espessura de água de 5 cm nos drenos e uma profundidade de drenagem equivalente a um metro.

Por exemplo, é muito difícil baixar os últimos 20 cm do lençol freático acima do sumidouro devido ao baixo gradiente hidráulico. A medição da profundidade do lençol freático e dos sumidouros revelará rapidamente o problema de sumidouros insuficientemente profundos. O problema só pode ser corrigido através da reinstalação de um novo sistema de drenagem a uma profundidade adequada.

VI.3.10 Espaço demasiado grande entre os sumidouros

Se os drenos estiverem demasiado afastados, o lençol freático desce lentamente e chega regularmente a 60 cm da superfície do solo. Estes lençóis freáticos elevados dificultam consideravelmente o tráfego de máquinas e os trabalhos de cultivo. A observação do nível do lençol freático num poço situado a meio caminho entre dois sumidouros mostra uma descida muito lenta do nível do lençol freático.

VI.3.11. Solo congelado

Um solo congelado com um lençol freático empoleirado pode dar a ilusão de que o sistema de drenagem está a funcionar mal. À medida que o solo descongela, o problema deve desaparecer em poucos dias. O solo congelado é fácil de identificar com uma sonda.

VI.3.12. Coletor subdimensionado

Um coletor subdimensionado fará com que flua sob carga à medida que o nível freático se aproxima da superfície do solo. Um coletor a escoar sob carga significa que o gradiente disponível para o rebaixamento do nível freático é reduzido e que o rebaixamento do nível freático é mais lento do que as especificações de projeto (Figura 30). Como o efeito do escoamento sob carga se transmite de jusante para montante, os sectores mais a montante serão os mais afectados.

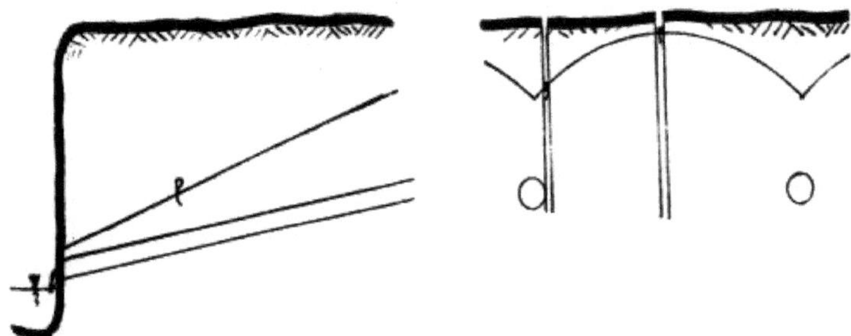

Figura 31: Influência de um coletor subdimensionado.

Num sistema em que a sub-dimensionamento é crónico, os sectores próximos da saída sofrerão pouco com o caudal porque o gradiente potencial permanece próximo das condições de projeto; o nível freático será rebaixado quase normalmente. Para os sectores a montante, o rebaixamento pode ser quase nulo se a carga hidráulica no coletor atingir a superfície do solo. O rebaixamento não começará realmente até que os sectores a jusante tenham drenado até certo ponto. Um coletor subdimensionado atrasa o escoamento dos sectores a montante quando o nível freático se aproxima da superfície do solo. Este efeito só é realmente percetível em escoamentos muito longos. O caudal máximo que um coletor pode fornecer ocorrerá quando o gradiente hidráulico corresponder à diferença de altura entre o nível do solo no ponto mais afastado do coletor e a saída do coletor. Este caudal máximo deve ser várias vezes superior ao caudal de projeto. Para além de um erro de conceção, as principais causas de subdimensionamento são a subestimação da condutividade hidráulica ou da profundidade de drenagem equivalente.

VI.3.13. Curso de água pouco profundo

O efeito de um curso de água em que os sumidouros emergem abaixo do nível da água é o de reduzir o gradiente hidráulico. Assim, o gradiente hidráulico, em vez de corresponder à inclinação do sumidouro, corresponde à diferença de nível em relação ao nível da água no curso de água (Figura 32). Quando o gradiente hidráulico é muito reduzido, o gradiente hidráulico que permite o rebaixamento do nível freático é inferior ao previsto na fase de projeto. O abaixamento do nível freático é retardado e efectua-se como se os sumidouros estivessem instalados a uma profundidade menor. Este efeito só é visível quando o curso de água está cheio durante um longo período.

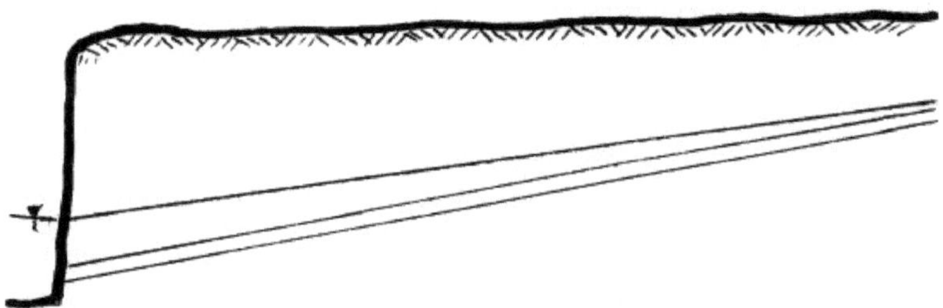

Figura 32: Influência de um coletor subdimensionado

VI.4 Metodologia de identificação dos problemas

Agora que conhecemos os vários problemas e os sintomas a eles associados, podemos definir uma metodologia eficaz para identificar problemas num sistema de drenagem subterrâneo.

O primeiro passo é obter do agricultor a melhor descrição possível do problema (ocorrência, localização, frequência, etc.) e das condições em que foi observado. O engenheiro deve também recolher o plano de drenagem e os relatórios nos quais devem ser registados todos os estudos do solo (descrição do perfil do solo, condutividade hidráulica, granulometria, espessura dos diferentes horizontes e profundidade do solo permeável) e os critérios de conceção. Esta primeira fase permite uma avaliação subjectiva do(s) problema(s) e se o problema é localizado ou generalizado. Um problema é considerado generalizado se afetar toda uma parcela ou sistema de drenagem, e localizado se afetar apenas uma parte do sistema.

O segundo passo é a elaboração de um plano de observação para tentar avaliar objetivamente o funcionamento do sistema de drenagem nas condições em que o problema ocorre. Os sumidouros devem ser localizados e uma série de poços de observação deve ser escavada em pontos estratégicos para determinar a forma do lençol freático, a carga hidráulica nas proximidades e a pressão no sumidouro. Os poços e os sumidouros devem ser nivelados. A localização dos sumidouros é provavelmente a operação mais demorada. Esta etapa pode ser minimizada se se suspeitar da presença de uma camada endurecida, de um horizonte arado de baixa permeabilidade ou de um problema de depressão.

A terceira etapa consiste em medir o comportamento dos níveis de água nos poços e o caudal nos colectores (se possível) quando o problema ocorre. O agricultor pode desempenhar um papel ativo nesta fase. Uma visita ao local nesta altura é muito útil. Esta fase ocorre geralmente no outono ou na primavera, pois o nível do lençol freático é geralmente elevado e os problemas são mais visíveis nessa altura. Esta fase é essencial, caso contrário, tudo não passa de especulação.

A quarta etapa consiste em analisar o comportamento dos níveis de água para avaliar a extensão do problema, o nível de eficácia ou de ineficácia do sistema e revelar numerosos sintomas que, comparados com os sintomas da secção VI.4, permitirão identificar as possíveis causas do(s) problema(s). Se o problema corresponder a um dos casos simples e diretos apresentados na secção VI.4, o problema pode ser rapidamente identificado. Por outro lado, se o problema resultar de dois ou mais dos casos apresentados na secção VI.4, a identificação torna-se mais complexa e pode exigir observações adicionais.

A última etapa consiste, se necessário, em escavar o sumidouro nas zonas consideradas críticas. Esta etapa, efectuada sem as outras, é muitas vezes dececionante porque apenas identifica os casos em que o esgoto está cheio de sedimentos. Além disso, a escavação de esgotos que estão abaixo do nível da água não revela muito. Os problemas mais frequentes que encontrei foram drenos esmagados, partidos ou bloqueados, drenos cheios de sedimentos, a presença de camadas endurecidas, uma camada de lavoura pouco permeável, drenos instalados num horizonte pouco permeável, a presença de depressões e drenos instalados a pouca profundidade. Muitos dos problemas encontrados poderiam ter sido evitados se o solo tivesse sido suficientemente examinado antes da instalação do sistema de drenagem subterrânea.

VI.5. Conclusões

Este estudo apresentou os principais problemas susceptíveis de serem encontrados nos sistemas de drenagem subterrânea, os sintomas a eles associados e uma metodologia para a sua identificação. A identificação dos problemas de drenagem subterrânea e das suas causas requer um excelente conhecimento teórico de todos os processos envolvidos na drenagem subterrânea, bem como um excelente poder de observação e dedução.

Capítulo VII: Máquinas utilizadas

VII.1 Introdução

Podem ser utilizadas várias máquinas para instalar tubos de drenagem subterrâneos. As mais utilizadas são :

- A retroescavadora
- A escavadora de rodas
- Escavadoras de corrente
- O arado de toupeira

VII.2 Retroescavadora

As retroescavadoras (figura 33) são geralmente montadas num trator e utilizam um balde com uma capacidade cúbica máxima de 0,385 m^3 ou 0,480 m[3]. São geralmente utilizadas para pequenos trabalhos de drenagem subterrânea em terrenos rochosos e irregulares. São principalmente utilizadas em estaleiros de construção para escavar trincheiras para ligar drenos a um coletor, um coletor a outro coletor ou trincheiras para instalar estruturas especiais.

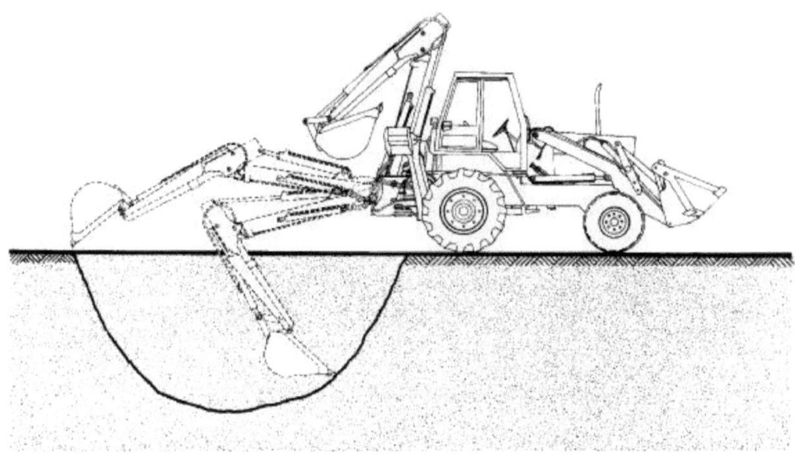

Figura 33: Retroescavadora (CPVQ, 1976)

VII.3 Escavadora de rodas

A escavadora de rodas (Figura 34) tem uma roda grande montada numa estrutura na parte de trás da máquina. A posição desta roda varia independentemente da máquina para manter um determinado declive. Ligados a esta roda, os baldes transportam o solo escavado para um transportador que o deposita num lado ou no outro da vala. Na parte de trás da roda, um caixão impede que o solo caia de novo na vala e uma sapata faz um sulco no fundo da vala para ajudar a assentar o dreno. O caixão é suficientemente longo para manter a vala limpa para a colocação do dreno e do material filtrante.

As escavadoras de rodas utilizadas na América do Norte escavam geralmente valas com 55 centímetros de largura e até 1,8 metros de profundidade. A escavadora pode ser montada sobre lagartas ou pneus.

As escavadoras com rodas são raramente utilizadas porque são mais lentas do que as charruas para toupeiras.

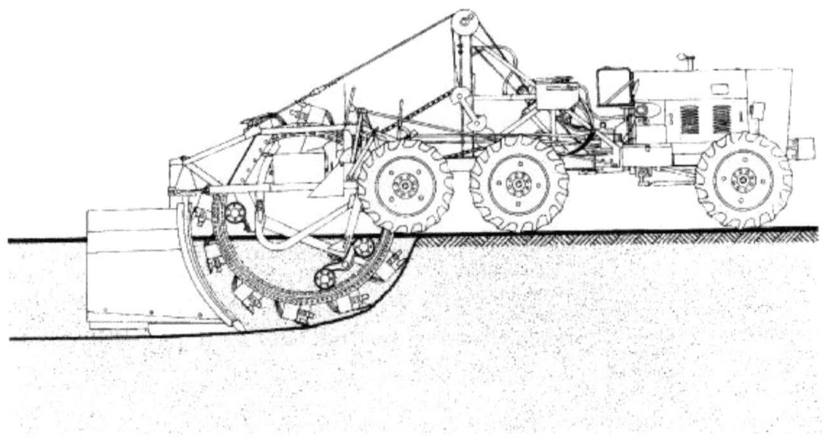

Figura 34: Escavadora de rodas (CPVQ, 1976)

VII.4 Escavadora de corrente

°Nas escavadoras de corrente (Figura 35), a escavação é efectuada por meio de uma corrente sem fim equipada com baldes e que trabalha na vertical ou num ângulo de 45°. O solo escavado é depositado em ambos os lados da vala. As escavadoras de corrente fazem geralmente uma vala de 25 a 40 centímetros de largura. As escavadoras de corrente não podem trabalhar em terrenos rochosos.

Tal como a escavadora de rodas, as escavadoras de corrente são cada vez menos utilizadas e estão principalmente reservadas para a drenagem de solos orgânicos ou argilas sensíveis.

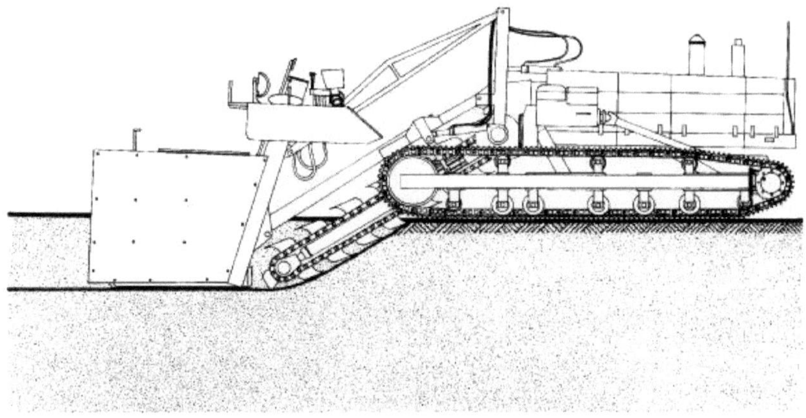

Figura 35: Escavadora de corrente (CPVQ, 1976)

VII.5. Arado de toupeira

A charrua de toupeiras é constituída (figuras 36 e 37) por uma relha de subsolador ligada a um trator de lagartas (ou bulldozer) por meio de braços e cilindros hidráulicos. A relha do subsolador está equipada com uma placa de corte e uma ponta dentada. O dreno é conduzido para o caixão por meio de uma calha. Na parte de trás do caixão, uma sapata escava o solo para acomodar o dreno. Os cilindros são utilizados para regular a profundidade e o ângulo de ataque da relha do subsolador.

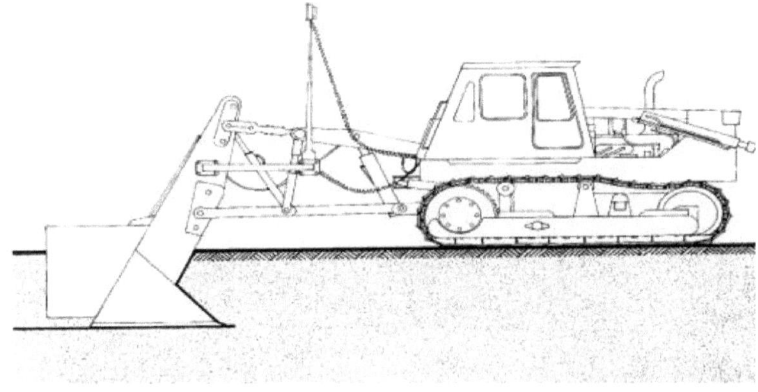

Figura 36: Arado de toupeira (CPVQ, 1976)

VII.6 Sistema LASER

A figura 37 mostra um diagrama de um sistema de orientação por laser para controlar a profundidade da instalação.

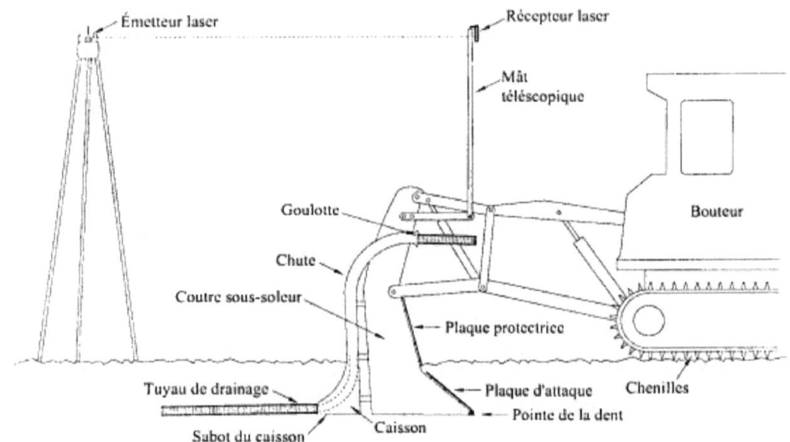

Figura 37: Diagrama de um sistema de orientação por laser (BNQ, 2005)

Capítulo VIII: Princípios de conceção e abordagens para a modelação do sistema de drenagem

VIII.1 Introdução

Uma rede de drenagem é composta por sumidouros (valas ou tubos enterrados), colectores secundários que transferem os caudais dos sumidouros (valas ou tubos enterrados), colectores principais (valas ou tubos enterrados) que transferem os caudais acumulados de um ou mais colectores secundários para um emissário (wadi, sebkhat, etc.).

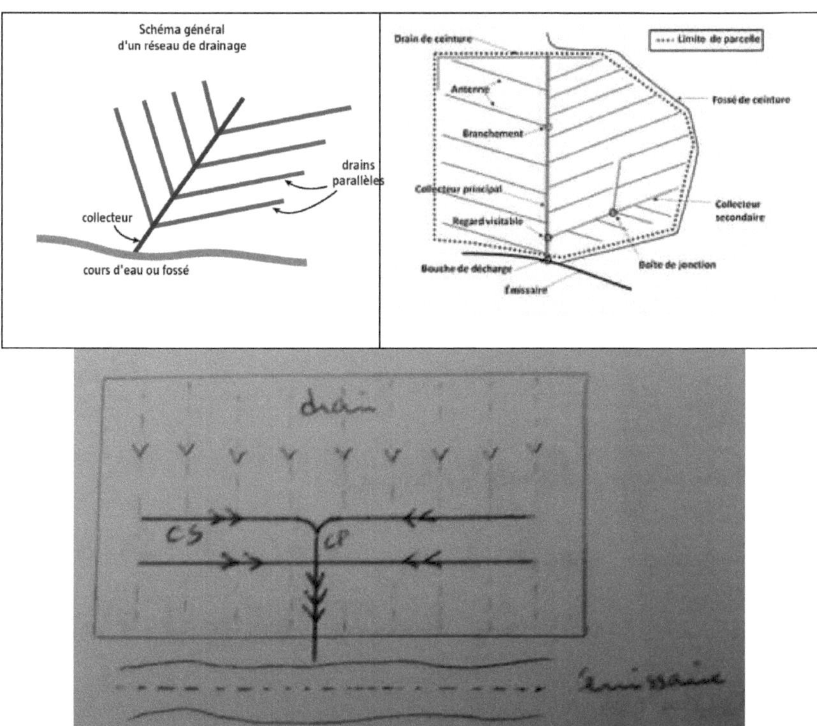

Existem dois princípios (métodos) para traçar uma rede de drenagem.

VIII.2 Princípio do alinhamento transversal

Neste princípio, os drenos são oblíquos às curvas de nível (CN) e os colectores secundários (CS) são perpendiculares às CN.

- Neste caso, o coletor tinha de ser colocado no Talweg e a velocidade no coletor tinha de ser superior à do dreno ($V_{(col)} > V_{dreno}$) para permitir a auto-limpeza da rede.)

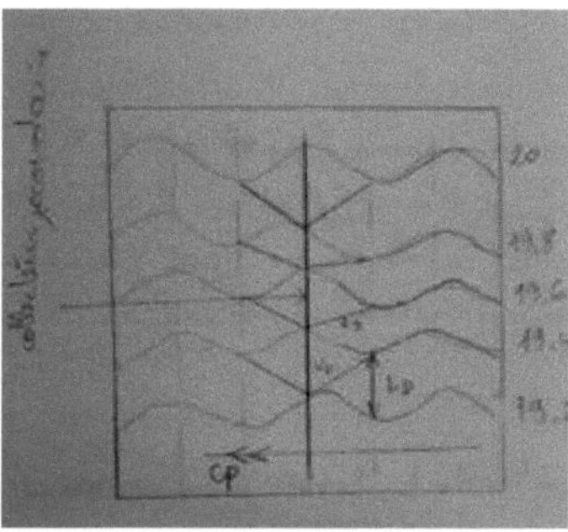

VIII.3. Princípio do alinhamento longitudinal :

Os drenos são perpendiculares aos NCs e os colectores estão em ângulo com os NCs. Se possível, os drenos devem ser colocados ao nível dos talvegues para facilitar a auto-limpeza.

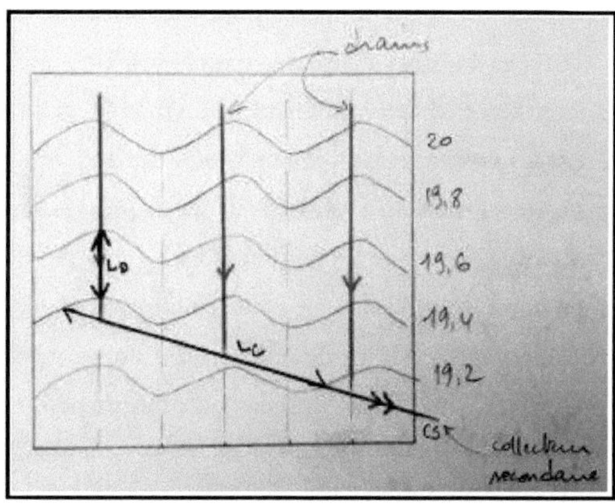

$V_{pescoço}$ deve ser $<$ V_{dreno} para permitir a auto-limpeza da rede.

O declive que assegura o escoamento normal nos sumidouros é geralmente de 2‰.

VIII.4. Abordagens de modelação de sistemas de drenagem

Existem várias abordagens para a conceção de sistemas de drenagem agrícola subterrânea, que diferem entre si em termos do objetivo e da forma como os processos são descritos. O desenvolvimento de equações de fluxo em estado estacionário para facilitar a conceção de sistemas de drenagem paralelos num campo começou em meados do século XX. Uma equação de drenagem em estado estacionário para solos homogéneos com duas camadas distintas foi apresentada por Hooghoudt (1940). Neste caso, a camada superior é altamente permeável enquanto a camada inferior é pouco permeável. Ernst (1962) derivou uma equação para solos com uma camada de baixa permeabilidade acima de uma camada de alta permeabilidade e uma versão modificada para um caso com duas camadas permeáveis abaixo do nível de drenagem. As abordagens de Hooghoudt (1940) e Ernst (1962) foram combinadas numa única equação aplicável a todos os casos apresentados (Ernst, 1975). As derivações principais das equações de Hooghoudt e Ernst foram apresentadas por van Beers (1976). Foram propostas outras abordagens para a modelação da drenagem subterrânea, tais como a equação de Kirkham (Kirkham, 1958) e as equações de Laplace ou de Boussinesq (Bouarfa e Zimmer, 2000). Estas abordagens foram integradas em vários modelos conceptuais e distribuídos. As equações de Kirkham e Hooghoudt são utilizadas, por exemplo, no modelo DRAINMOD (Skaggs, 1980), enquanto o modelo MACRO (Larsbo e Jarvis, 2003) utiliza a equação de Hooghoudt. No modelo SWAP (Kroes et al. 2008), o utilizador pode escolher entre a opção da equação de Hooghoudt e as equações de Ernst, consoante o problema em estudo.

Na modelação de escoamentos variavelmente saturados, os drenos são geralmente simulados de uma forma mais simples do que nas abordagens em estado estacionário, devido ao facto de as camadas de solo e as distribuições de pressão serem tidas em conta pelo modelo. Fipps et al (1986) testaram quatro métodos diferentes de representação de drenos subsuperficiais numa solução por elementos finitos da equação de Richard em duas dimensões: (1) abordagem por orifício (abertura) como modelo de dreno, (2) abordagem por ponto nodal com caudal imposto ou especificado, (3) abordagem por pressão imposta e (4) abordagem por ajustamento da resistência. Neste último método, a condutividade nos drenos é ajustada por um fator determinado pelo rácio entre o raio efetivo do dreno e a dimensão dos elementos que rodeiam o nó do dreno. O problema dos métodos (1) e (3) é que é necessário um grande número de nós na vizinhança do dreno para obter resultados mais realistas, enquanto os métodos (2) e (4) são implementados com grelhas grosseiras. No modelo HYDRUS (Simunek et *al.* 2006), os drenos podem ser simulados ajustando a condutividade hidráulica dos elementos que rodeiam os nós de drenagem. O sistema de drenagem é baseado na rede de resistência eléctrica ou considerado como faces de infiltração em torno do seu perímetro.

Karvonen (1988) efectuou uma comparação exaustiva entre (a) uma abordagem de elementos finitos bidimensionais com uma grelha progressivamente mais densa em torno do sumidouro, (b) um modelo analítico e (c) uma aproximação unidimensional. Conclui que não há grandes vantagens em obter uma modelação complicada da geometria do sumidouro em comparação com abordagens mais simples, devido à incerteza dos dados de campo disponíveis. Para as grelhas tridimensionais em que existem vários sumidouros no domínio, a discretização extremamente fina necessária para representar as pequenas aberturas (sumidouros) é computacionalmente dispendiosa (Fipps et al. 1986). A fim de obter uma solução para o problema do escoamento, aplica-se geralmente uma condição de fronteira de Dirichlet (pressão hidráulica imposta) ou uma condição de fronteira de Neumann (escoamento imposto) aos nós que representam os sumidouros. Uma destas duas condições pode ser incorporada no modelo CATHY (Camporese et al. 2010) para simular a rede de drenagem subterrânea. A utilização da condição de Dirichlet implica que o potencial nos drenos permanece constante ao longo da simulação e o fluxo nos drenos não é afetado por factores como a área da secção transversal dos drenos (MacQuarrie e Sudicky, 1996). Para simular o sistema de drenagem na malha tridimensional da matriz porosa, onde o fluxo de água subterrânea é regido pela equação de Richard, podem distinguir-se as três abordagens seguintes. Em primeiro lugar, é introduzida uma equação de fluxo de drenagem unidimensional. É o caso do modelo HydroGeoSphere (Brunner e Simmons, 2012; MacQuarrie e Sudicky, 1996; Therrien et *al.* 2007), que se baseia na equação da continuidade para o escoamento em canal aberto. Em segundo lugar, o escoamento do sistema de drenagem depende da altura do lençol freático acima do nível de drenagem e de uma constante de tempo imposta que é calculada de acordo com o conceito de reservatório linear. Isto diz respeito ao modelo MIKE-SHE (DHI, 2007). Por fim, podemos utilizar a representação equivalente dos sumidouros enterrados no perfil do solo utilizando um meio poroso homogéneo anisotrópico (Carlier et al. 2007). Esta última abordagem, comparada com outras que representam drenos subterrâneos utilizando o código SWMS 3D (Simunek et al. 1995), deu resultados satisfatórios em termos de caudais e de elevação do nível freático médio. De todos os modelos hidrológicos acima referidos, é de salientar que muito poucos ou nenhuns estudos que utilizaram o modelo CATHY se debruçaram sobre a modelação da drenagem agrícola subterrânea. Por outro lado, o modelo DRAINMOD é amplamente utilizado em todo o mundo para descrever a hidrologia de solos mal drenados ou drenados artificialmente. Este facto explica a escolha destes dois modelos para um ou outro dos estudos desta investigação.

VIII.4.1. Descrição do modelo DRAINMOD

Amplamente utilizado em todo o mundo devido à sua facilidade de utilização, o DRAINMOD (Skaggs, 1978) é um modelo 1-D baseado na física, composto por dois módulos: o primeiro trata da hidrologia (balanço hídrico à superfície do solo e no meio poroso) e o segundo do transporte de azoto (este módulo não é objeto do presente estudo). O DRAINMOD foi desenvolvido para ser utilizado à escala do terreno para descrever a hidrologia de solos mal drenados ou drenados artificialmente. O modelo também pode ser utilizado para simular a hidrologia de solos não drenados que contenham zonas húmidas. As variáveis hidrológicas (infiltração, drenagem subsuperficial, escoamento superficial, evapotranspiração, percolação vertical e fluxo hipodérmico, profundidade do lençol freático, etc.) são previstas e os resumos de saída estão disponíveis numa base diária, mensal ou anual, dependendo da opção do utilizador.

Referências

BNQ, 2005. Serviço de drenagem subsuperficial agrícola -- Critérios de qualidade. BNQ 3624--540/2005. Gabinete de Normalização do Quebeque, Cidade do Quebeque.

Bouarfa S & Zimmer D (2000) Water-table shapes and drain flow rates in shallow drainage systems. Journal of Hydrology 235(3-4):264-275.

Brunner P & Simmons CT (2012) HydroGeoSphere: A Fully Integrated, Physically Based Hydrological Model. Ground Water 50(2): 170-176.

Camporese M, Paniconi C, Putti M & Orlandini S (2010) Surface-subsurface flow modeling with path-based runoff routing, boundary condition-based coupling, and assimilation of multisource observation data. Water Resources Research 46(2):W02512.

Carlier JP, Kao C & Ginzburg I (2007) Field-scale modeling of subsurface tile-drained soils using an equivalent-medium approach. Journal of Hydrology 341(1-2):105-115.

CPVQ, 1976. Drenagem subterrânea, informações gerais. Conselho das Produções Vegetais do Québec.

CPVQ. 1989. Drenagem subterrânea -- Especificações. Conselho das Produções Vegetais do Quebeque, Cidade do Quebeque. Agdex 555.

CRAAQ. 2005. Guia de referência técnica em drenagem subterrânea e trabalhos acessórios. Centro de referência em agricultura e agroalimentação do Quebeque. Cidade do Quebeque.

Colwell HTM (1978) The economics of increasing crop productivity in Ontario and Quebec by tile drainage installation. Canadian Farm Economics 13(3):1-7.

DHI (2007) MIKE-SHE User Manual, Volume 2: Guia de Referência. DHI Water and Environment, Instituto Dinamarquês de Hidráulica, Dinamarca.

Ernst LF (1962) Grondwaterstromingen in de verzadigde zone en hun berekening bij aanwezigheid vanhorizontale evenwijdige open leidingen. Versl. Landbouwk. Onderz. 67.15. PUDOC, Wageningen. 189 p.

Ernst LF (1975) Formulae for groundwater flow in areas with subirrigation by means of open conduits with a raised water level, Misc. Reprints 178, Institute for Land and Water Management Research, Wageningen, Países Baixos, 32 p.

Fipps G, Skaggs RW & Nieber JL (1986) Drains as a boundary condition in finite elements. Water Resources Research 22(11):1613-1621.

Gallichand J. e R. Lagacé. 1987a. Modelação do movimento de sedimentos em drenos subterrâneos perfurados. Transação da ASAE 30(1):119--124.

Gallichand J. e R. Lagacé. 1987b. Verificação de um modelo de previsão do nível de sedimentos em drenos subsuperficiais. Transação da ASAE 30(6):1648--1652.

Gallichand J., R. Lagacé e M. Cailler. 1989. Estudo de secções finas de solo perto de perfurações de drenagem subsuperficial corrugadas. Geoderma 43:337--347.

Gallichand J. e R. Lagacé. 1991. Efeito das dimensões da perfuração e do gradiente hidráulico na sedimentação em drenos subsuperficiais. Can. Agr. Eng. 33(1):17--25.

Hooghoudt S (1940) Hooghoudt's theory of drainage. Relatório técnico, Institut voor Cultuurtechnik en Waterhuishouding, Países Baixos (em neerlandês).

Karvonen T (1988) A model for predicting the effect of drainage on soil moisture, soil temperature and crop yield, Doctoral dissertation, Helsinki University of Technology, 215 p.

Kroes, Van Dam, Groenendijk P, Hendriks RFA & Jacobs CMJ (2008) SWAP versão 3.2 Descrição teórica e manual do utilizador, Alterrareport, Wageningen, 262 p.

Kirkham D (1958) Seepage of steady rainfall through soil into drains. Transactions of American Geophysical Union 39(5):892-908.

Lagacé R. e R. W. Skaggs. 1985a. Previsão do entupimento de drenos pelo método de análise de agregados. Em Underground Drainage Research. 12° Colloque de génie rural, Université Laval, Québec. GR--H--85--01:19--39.

Lagacé R. e R. W. Skaggs. 1985b. Entupimento de drenos: experiências laboratoriais. In: La recherche en drainage souterrain. 12° Colloque de génie rural, Université Laval, Québec. GR--H--85--01:41--68.

Lagacé R. e R. W. Skaggs. 1988. Previsão do assoreamento de drenos através da análise do tamanho dos agregados do solo. Transação da ASAE 30(6):1648--1652.

Lagacé R., R. W. Skaggs e J. Gallichand. 1987. Previsão de sedimentação de drenagem. Procedimentos do 5° Simpósio Nacional de Drenagem. Publicação ASAE 07--87:354-361.

Larsbo M & Jarvis N (2003) MACRO 5.0. Um modelo de fluxo de água e transporte de soluto em solo macroporoso. Descrição técnica, Universidade Sueca de Ciências Agrícolas, 40 p.

MacQuarrie KTB & Sudicky EA (1996) On the incorporation of drains into three-dimensional variably saturated groundwater flow models. Water Resources Research 32(2):477-482.

Šimůnek J, van Genuchten M & Šejna M (2006) The HYDRUS software package for simulating the two- and three-dimensional movement of water, heat and multiple solutes in variablysaturated media, Technical manual, 241 p.

Skaggs RW (1978) A water management model for shallow water table soils. Relatório técnico nº 134. Instituto de Investigação de Recursos Hídricos, Universidade Estadual da Carolina do Norte, Raleigh, N.C.

Van Beers WFJ (1976) Computing drain spacings, Bull. 15, ILRI, Wageningen, Países Baixos.

MIX
Papier aus verantwortungsvollen Quellen
Paper from responsible sources
FSC® C105338

Printed by Books on Demand GmbH, Norderstedt / Germany